Wissenschaftliche Taschenbücher

WTB

Chemie

Peter Hallpap
Dietmar Stadermann

THEORIA CUM PRAXI

Akademie-Verlag · Berlin

WTB Wissenschaftliche Taschenbücher

Eine Auswahl lieferbarer Bände:

Heinrich Arnold
Physikalische Chemie der Halbleiter

Joachim Auth / Dietmar Genzow
Klaus H. Herrmann
Photoelektrische Erscheinungen

Hans Bandemer / Andreas Bellmann
Wolfhart Jung / Klaus Richter
Optimale Versuchsplanung

Frank Beichelt
Prophylaktische Erneuerung von Systemen

Joachim Bellach / Peter Franken
Elke Warmuth / Walter Warmuth
Maß, Integral und bedingter Erwartungswert

Wolfram Brauer
Hans-Waldemar Streitwolf
Theoretische Grundlagen der Halbleiterphysik

Siegfried Brehmer
Einführung in die Maßtheorie

Siegfried Brehmer
Hilbert-Räume und Spektralmaße

Ernst-Joachim Donth
Glasübergang

Hannelore Fischer / Joachim Piehler
Modellsysteme der Operationsforschung

Gottfried Fritzsche
Grundlagen und Entwurf passiver Analogzweipole
Netzwerke I

Gottfried Fritzsche
Entwurf passiver Analogvierpole
Netzwerke II

Entwurf aktiver Analogsysteme
Netzwerke III

Zeitdiskrete und digitale Systeme
Netzwerke IV

Herbert Goering
Asymptotische Methoden zur Lösung von Differentialgleichungen

Herbert Goering
Elementare Methoden zur Lösung von Differentialgleichungsproblemen

Nina Hager
Modelle in der Physik

Martin Heinrich / Heinz Ulbricht
Mechanik der Kontinua

Eduard Herlt / Nikolaus Salié
Spezielle Relativitätstheorie

Helmut Hess
Der elektrische Durchschlag in Gasen

V. I. Karpman
Nichtlineare Wellen in dispersiven Medien

A. R. Kessel
Akustische Kernresonanz

Dieter Kress
Theoretische Grundlagen der Signal- und Informationsübertragung

Karl Lanius
Physik der Elementarteilchen

Dieter Leuschner
Grundbegriffe der Thermodynamik

V. S. Letochow
Laserspektroskopie

Wolfgang Meiling
Digitalrechner in der elektronischen Meßtechnik
Teil 1: Meßmethodik
Teil 2: Gerätetechnik und Anwendungen

Dieter Michel
Grundlagen und Methoden der kernmagnetischen Resonanz

L. I. Miroschnitschenko
Kosmische Strahlung im interplanetaren Raum

Peter Paufler
Phasendiagramme

Peter Paufler / Gustav E. R. Schulze
Physikalische Grundlagen mechanischer Festkörpereigenschaften
Teil I und II

Ulrich Röseberg
Quantenmechanik und Philosophie

Albrecht Rost
Messung dielektrischer Stoffeigenschaften

J. V. Sačkov
Wahrscheinlichkeit und Struktur

E. M. Sawizki
Perspektiven der Metallforschung

Wolfgang Schäfer
Theoretische Grundlagen der Stabilität technischer Systeme

Ernst Schmutzer
Symmetrien und Erhaltungssätze der Physik

Volkmar Schuricht
Kernexplosionen für friedliche Zwecke

Hubertus Stolz
Supraleitung

Festkörperphysik
Entwicklungstendenzen und Anwendungsmöglichkeiten

Hans-Georg Schöpf
Von Kirchhoff bis Planck

Die Schöpfer der physikalischen Optik
Eine Artikelsammlung

Richard Campbell
Mikrobielle Ökologie

J. G. Collee
Angewandte medizinische Mikrobiologie

Eberhard Hofmann
Funktionelle Biochemie des Menschen
Band 1 und 2

Karlheinz Lohs / Dieter Martinetz
Entgiftung — Mittel, Methoden und Probleme

Joachim Nitschmann
Entwicklung bei Mensch und Tier

Stephan Schnitzler
Pharmakologische Aspekte von Immunreaktionen

Dieter Spaar / Helmut Kleinhempel
Hans Joachim Müller
Klaus Naumann
Bakteriosen der Kulturpflanzen

Eberhard Teuscher
Pharmakognosie
Teil I—III

Michael Theile / Siegfried Scherneck
Zellgenetik

Peter Birner / Hans-Jörg Hofmann
Cornelius Weiss
MO-theoretische Methoden in der organischen Chemie

Klaus Dittrich
Atomabsorptionsspektrometrie

Peter Hellmold
Hochtemperaturreaktionen

Falko H. Herrmann
Martina Ch. Herrmann
Das Hämoglobin des Menschen

Helmut Hrapia
Einführung in die Chromatographie

Hans Luppa
Grundlagen der Histochemie
Teil I und II

Dieter Onken
Antibiotika – Chemie und Anwendung

Wolfgang Wagner
Chemische Thermodynamik

Günther Wagner / Hans Kühmstedt
Pharmazeutische Chemie

Reaktive Zwischenstufen in der organischen Chemie

Vorschau auf die nächsten Bände:

Hannelore Bernhardt / Manfred Knoke
Mikrobiologie des Menschen

Wolfgang Fritsche
Umwelt-Mikrobiologie

Hans-Werner Kammer / Kurt Schwabe
Einführung in die Thermodynamik irreversibler Prozesse

Peter Nuhn / Hans-Jörg Hofmann
Wirkungsmechanismen von Pharmaka
Eine Einführung in die Molekularpharmakologie

Harry Paul
Photonen
Experimente und ihre Deutung

Robert Rompe / Hans-Jürgen Treder
Zählen und Messen

Werner Stolz
Meßtechnik ionisierender Strahlung

WTB

BAND 293

Peter Hallpap
Dietmar Stadermann

Stereochemie organisch-chemischer Reaktionen

Mit 117 Schemata

AKADEMIE-VERLAG BERLIN

Reihe CHEMIE

Herausgegeben im Auftrage der Akademie der Wissenschaften der DDR

von:

Prof. Dr. Dr. h. c. H. Klare, Berlin
Prof. Dr.-Ing. Dr. h. c. E. Leibnitz, Berlin

Verantwortlicher Herausgeber dieses Bandes:

Prof. Dr.-Ing. Dr. h. c. E. Leibnitz

Verfasser:

Dr. sc. nat. Peter Hallpap

Dr. rer. nat. Dietmar Stadermann

Sektion Chemie
Friedrich-Schiller-Universität
Jena

1984
Erschienen im Akademie-Verlag, DDR - 1086 Berlin, Leipziger Str. 3—4

Lizenznummer: 202 · 100/458/84
Printed in the German Democratic Republic
Gesamtherstellung: VEB Druckhaus „Maxim Gorki“, 7400 Altenburg
Lektor: Gisela Güntherberg
LSV 1274
Bestellnummer: 763 305 9 (7293)
01250

Vorwort

Die heutige chemische Forschung ist in starkem Maße auf die Synthese hochkomplizierter organischer Moleküle mit definierter Stereochemie orientiert. Dabei gehen in die Syntheseplanung umfangreiche mechanistische Überlegungen sowie Erfahrungen über die Strukturabhängigkeit der Reaktivität ein. Die Forderung nach hoch stereoselektiven Reaktionen für die Synthese von Naturstoffen und biologisch wirksamen Analoga hat die intensive Bearbeitung stereochemischer Problemstellungen, die mit dem Reaktionsablauf verknüpft sind, außerordentlich gefördert. Es erscheint deshalb sinnvoll, Prinzipien zusammenzustellen, nach denen die Stereochemie von Reaktionen analysiert, diskutiert und für die Syntheseplanung genutzt werden kann.

Ziel des vorliegenden Büchleins ist es, den Leser zum Erkennen von stereochemischen Gemeinsamkeiten im Ablauf sehr unterschiedlicher Reaktionen zu führen, ohne eine systematische Darstellung der Mechanismen organisch-chemischer Reaktionen anzustreben.

Zur Ableitung von verallgemeinerungsfähigen Prinzipien werden „klassische“ und aktuelle Beispiele herangezogen, wobei eine Vollständigkeit selbst bei den zu behandelnden Gesichtspunkten kaum möglich ist. Daraus ergibt sich eine durchaus subjektive Auswahl und Darstellung, die als Adressaten Studenten des Fachstudiums Synthesechemie und Fachkollegen anspricht, die in ihrer Arbeit auf stereochemische Probleme stoßen.

Wir danken den Herren *Prof. Dr. S. Hauptmann*, *Prof. Dr. G. Heublein* und *Dr. sc. B. Schönecker* für umfangreiche Diskussionen, die das Entstehen des vorliegenden Bändchens sehr gefördert haben. Außerdem danken wir Herrn *Dr. Schönecker* für die Ausarbeitungd es Abschnittes 4.2. „Asymmetrische Synthese“ und Frau *A. Horn* für die sorgfältige Anfertigung der Zeichnungen.

P. Hallpap
D. Stadermann

Inhalt

1. Einleitung

Wenn die Chemie als Wissenschaft von den Eigenschaften der Stoffe und ihren Reaktionen verstanden wird, dann kommt der Beschreibung des räumlichen Baus der Moleküle und der räumlichen Veränderungen beim Ablauf von Reaktionen eine große Bedeutung zu.

Der enge Zusammenhang zwischen dem räumlichen Bau und den physikalischen und chemischen Eigenschaften kann am Beispiel von isomeren Verbindungen demonstriert werden. Im Schema 1 sind für die geometrischen Isomeren Malein- und Fumarsäure einige Eigenschaften zusammengestellt.

Schema 1

Eigenschaft	Maleinsäure 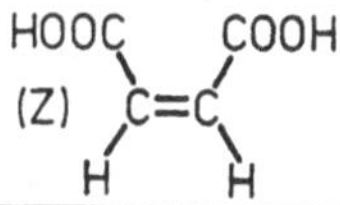	Fumarsäure 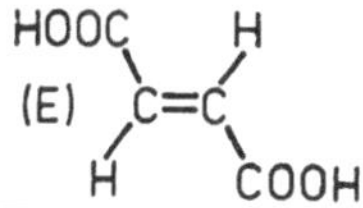
Dipolmoment μ (Dioxan, 25 °C)	3,17 D	2,46 D
Schmelzpunkt	130⋯131 °C	296⋯298 °C
Löslichkeit (in H_2O, 25 °C)	788 g/l	7 g/l
$\Delta_B H^{\ominus}$	−787,8 kJ/mol	−811,0 kJ/mol
K_{D1} (25 °C)	$1{,}5 \cdot 10^{-2}$	$1 \cdot 10^{-3}$
K_{D2} (25 °C)	$2{,}6 \cdot 10^{-7}$	$3 \cdot 10^{-5}$
Bildung des cyclischen Anhydrids:	leicht	nicht
Hydrierung:		
$\Delta_R H$ (25 °C)	−129,7 kJ/mol	−107,9 kJ/mol
k_{rel} (Pd-Kat.)	2⋯10	1
Bromaddition:		
k_{rel} (Br_2/HBr, 24°, HOAc)	12⋯14	1

Es zeigt sich u. a., daß das instabilere (Z)-Isomere Maleinsäure gleichzeitig auch reaktiver ist.

Die Voraussetzung für die Beschreibung der räumlichen Veränderungen beim Ablauf von Reaktionen ist die Kenntnis der *Stereochemie der isolierten Moleküle*, da die Moleküle in ihrer nicht von Reaktionspartnern beeinflußten Gestalt die Ausgangs- und Endpunkte der Reaktionen darstellen. Die Stereochemie von Molekülen untersucht den räumlichen Bau faßbarer Moleküle, zu denen naturgemäß auch reaktive Zwischenstufen als Haltepunkte eines komplexen Reaktionsgeschehens zu zählen sind, deren Struktur unter bestimmten Bedingungen ermittelt werden kann.

Diese Aufgabenzuordnung für die Stereochemie von Molekülen birgt jedoch eine große Problematik in sich, weil sehr viele molekulare Systeme nicht durch eine einzige eindeutige Struktur beschrieben werden können, vielmehr je nach den äußeren Bedingungen einen unterschiedlichen Bau bzw. eine veränderte Gleichgewichtslage zwischen mehreren Strukturen zeigen. Am deutlichsten wird das bei Molekülen, die zu Rotationen um Einfachbindungen oder zu Inversionen an einem Zentralatom befähigt sind. Wenn die Energiebarrieren zwischen den isomeren Strukturen sehr niedrig sind (< 96 kJ/mol bei Raumtemperatur), dann ist eine dynamische Einstellung des Gleichgewichtes zwischen ihnen in Abhängigkeit von den äußeren Bedingungen mit ausreichender Geschwindigkeit möglich. Beim 1,2-Dichlor-ethan hängt z. B. das

Schema 2

Konformerenverteilung des 1,2-Dichlor-ethans

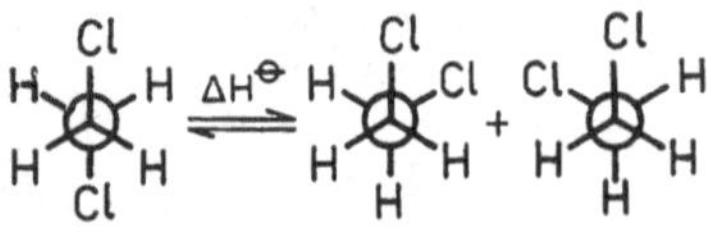

Zustand	antiperiplanar (%)	$\Delta H^{\ominus}$ (kJ/mol)	synclinal (%)
Kristall	100		
Flüssigkeit	33	0	67
in CS_2	54	2,1	46
in $Cl_2C{=}CCl_2$	76	4,2	23
Gas (100 °C)	72	5,0	28
(150 °C)	68		32

Verhältnis von antiperiplanaren zu synclinalen Konformationen vom Aggregatzustand, von der Temperatur und vom Lösungsmittel ab (Schema 2).

Der Wechsel des Lösungsmittels kann durch spezifische Solvatation zur Veränderung des räumlichen Baus eines Moleküls führen. Das Bortribromid liegt z. B. im festen, flüssigen und gasförmigen Aggregatzustand monomer mit einer trigonal-ebenen Atomanordnung (entsprechend einer sp^2-Hybridisierung am Bor) vor. Durch Komplexbildung mit einem Donatorlösungsmittel, z. B. Diethylether, geht es in eine tetraedrische Struktur (entsprechend einer sp^3-Hybridisierung am Bor) über. Damit wird offensichtlich, daß die Moleküle ihre Gestalt ändern können, auch wenn kein direkter Reaktionspartner eine Umwandlung in neue Produkte initiiert.

Die Beziehungen zwischen den statischen und den dynamischen Aspekten der Stereochemie sind im Schema 3 zusammengestellt.

Schema 3

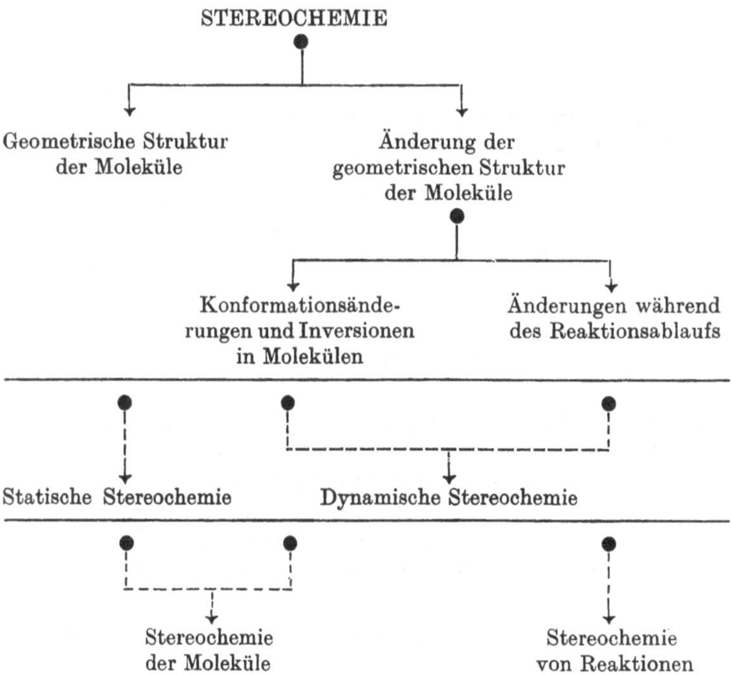

Danach ergibt sich zwanglos eine konsequente Einteilungsmöglichkeit für das Gebiet der Stereochemie.

Als Aufgabe der *Stereochemie der Moleküle* wird die Beschreibung des räumlichen Baus der Moleküle unter den gegebenen äußeren Bedingungen einschließlich ihres dynamischen Verhaltens verstanden.

Jede chemische Reaktion hat eine Veränderung des Baus der beteiligten Moleküle zur Folge. Jede Veränderung im Bau der Reaktanden beeinflußt ihrerseits den Ablauf der Reaktionen. Die *Stereochemie von Reaktionen* soll daher folgende Problemkreise untersuchen:

a) Zusammenhang zwischen Edukt- und Produktstruktur als Folge der sterischen Konsequenzen mechanistischer Alternativen.
b) Beeinflussung der Geschwindigkeit und der Produktverteilung von Reaktionen durch sterische Effekte.
c) Möglichkeiten zur Quantifizierung sterischer Effekte.
d) Nutzung stereochemischer Kriterien für die Aufklärung von Reaktionsmechanismen.
e) Synthese sterisch einheitlicher Produkte.

Die ersten drei Punkte sind Gegenstand der vorliegenden Darstellung. Einige Aspekte sind bereits in Standardwerken zur Stereochemie [5—8] und bei der Behandlung von Mechanismen in Lehrbüchern der theoretischen organischen Chemie behandelt worden.

Die Voraussetzung für das Verständnis des Folgenden sind solide Kenntnisse über die Stereochemie der Moleküle [1—8] sowie über die Kinetik und die Mechanismen organischer Reaktionen [9—11].

2. Stereochemie und Mechanismen

Chemische Reaktionen werden nicht nur durch ihre Edukte und Produkte, d. h. ihre Bruttogleichung, charakterisiert, sondern wesentlich genauer als Folge der Elementarreaktionen mit den beteiligten aktivierten Komplexen (*AK*) und reaktiven Zwischenstufen (*ZS*), d. h. durch ihren Mechanismus, beschrieben. Dieser muß auch Antworten auf zwei stereochemische Fragestellungen ermöglichen:

a) Wie ergibt sich die Stereochemie der Produkte aus der der Edukte?

b) Wo bewirken sterische Effekte im Verlaufe des Mechanismus Veränderungen der Geschwindigkeit, der Gleichgewichtslage bzw. der Produktverteilung?

Mechanistische Probleme konkreter Reaktionen werden praktisch immer so bearbeitet, daß die experimentellen Untersuchungsergebnisse mit den Erwartungen verglichen werden, die sich aus verallgemeinerten Mechanismengrenzfällen des jeweiligen Reaktionstyps ergeben. Dementsprechend sollen folgend die sterischen Möglichkeiten und Konsequenzen von Grenzfällen wesentlicher Mechanismen diskutiert und an einigen Beispielen demonstriert werden. Da bei konkreten Untersuchungen sterische Veränderungen am leichtesten aus der Bestimmung des Anteils möglicher Isomere ableitbar sind, wird meistens von Edukten mit hoher Unsymmetrie in der Art und Verteilung der Substituenten am Reaktionszentrum ausgegangen. Damit ergibt sich in Abhängigkeit vom Reaktionsverlauf, der bei synchronen durch die entscheidenden AK und bei asynchronen Mechanismen durch die entsprechenden ZS charakterisiert wird, aus der bekannten Konfiguration der Edukte die Stereochemie der Produkte.

Die in den Schemata 4, 9, 12 und 15 angegebenen Bezeichnungen für die Stereoisomere (R/S, Z/E, erythro/threo) gelten für die Festlegung, daß die Rangfolge der Substituenten nach den Sequenzregeln X, Y > • > ⊗ > ○ sei. Ein senkrechter Strich trennt isomere Produkte, die nebeneinander entstehen, wobei nicht immer alle Möglichkeiten vollständig aufgeführt sind.

Es ist offensichtlich, daß eine solche Betrachtung orientierenden Charakter besitzt:

a) Sie enthält nur abstrakte mechanistische Möglichkeiten.
b) Sie erfaßt nicht alle möglichen Mechanismen eines Reaktionstyps, läßt aber Analogieschlüsse auf weitere Fälle zu. So sind z. B. für nukleophile Additionen an Olefine und Acetylene gleichartige Überlegungen zur Stereochemie der Produkte angebracht wie für den Fall der elektrophilen Addition.
c) Sie stellt den Zusammenhang zwischen dem Ergebnis stereochemischer Untersuchungen von Reaktionen und ihren möglichen Mechanismen her, wobei sich meist ergeben wird, daß der reale Reaktionsablauf bei aktiver Mitwirkung des Lösungsmittels zwischen den angegebenen Grenzfällen liegt.

Sehr detaillierte Diskussionen zur Stereochemie einzelner Mechanismen kann man in Lehrbüchern der theoretischen organischen Chemie finden (z. B. [5, 7, 9—11]).

2.1. *Substitution*

Für alle Substitutionen gilt die Bruttogleichung (R—X + Y →R—Y + X), aber die Stereochemie der Produkte ist in Abhängigkeit von der Struktur der Edukte und vom Reaktionsweg sehr unterschiedlich, wie das Schema 4 für die S_N-, S_EAr- und einen Fall der S_NAr-Reaktion zeigt.

Schema 4

Stereochemie von Substitutionen R—X + Y → R—Y + X

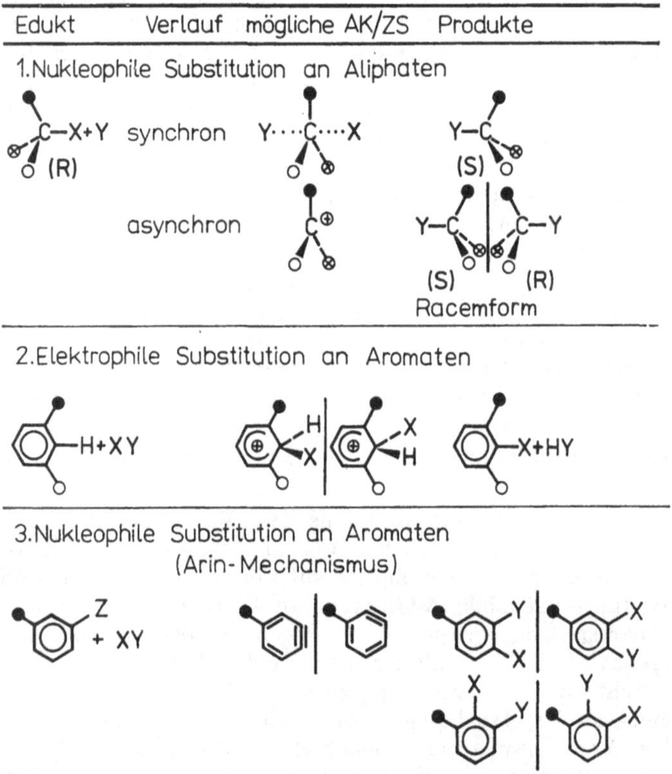

Ist bei *nukleophilen Substitutionen* das aliphatische Substrat optisch aktiv, dann sollte das Produkt entsprechend dem idealen *synchronen* Verlauf (S_N2) die invertierte Konfiguration besitzen, weil einerseits durch die langsam austretende Gruppe X die eine Seite des Substrates gegenüber dem Angriff des Y abgeschirmt wird (sterischer Gesichtspunkt) und andererseits bei der angegebenen Struktur des AK das Hinüberfließen von Elektronendichte von Y über das C zum X durch ein und dasselbe Atomorbital am C vermittelt wird, das dabei seinen Charakter kontinuierlich verändert (stereoelektronischer Gesichtspunkt, s. a. Abschn. 3.2.).

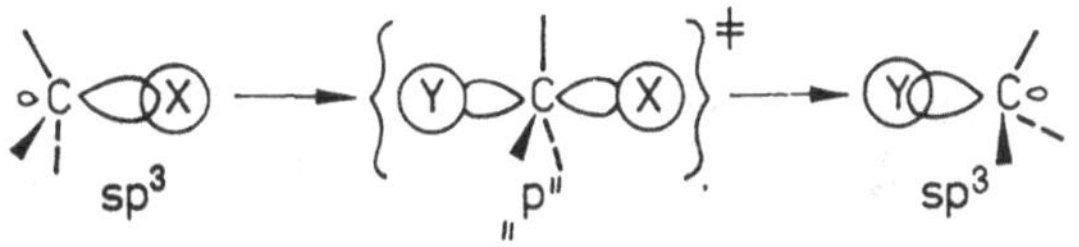

(1)

Beim *asynchronen* Mechanismus (S_N1) sollte im Grenzfall die ZS als freies Carbeniumion mit der bevorzugten trigonal-ebenen Struktur vorliegen, das damit prochiral ist. Unter achiralen Bedingungen ist dann der Angriff von Y im zweiten Schritt von beiden Seiten des Carbeniumions gleichberechtigt und kann zur 1:1-Mischung (Racemform) der beiden optischen Isomeren führen (je 50% Retention und Inversion der Konfiguration). Gerade die Untersuchung des S_N1-Mechanismus weist darauf hin, daß die eben getroffene Aussage eine Abstraktion darstellt. S_N1-Reaktionen laufen bevorzugt in stark polaren, protonischen Lösungsmitteln als Solvolysen ab, wobei das Lösungsmittel einerseits das sich bildende Carbeniumion stabilisiert, andererseits aber als Reaktionspartner schon bei der Abspaltung des X präsent ist und sofort zum Produkt weiterreagieren kann. So erscheint es erklärlich, daß bei S_N1-Reaktionen sehr häufig ein erhöhter Anteil an Inversion beobachtet wird, weil bei dem sich bildenden Carbeniumion die Solvathülle auf der der X-Abspaltung gegenüberliegenden Seite schneller ausgebildet und zur kovalenten Bindung umgebildet werden kann.

Die im Schema 4 dargestellten Zusammenhänge grenzen demnach das Spektrum der konkreten Abläufe nur ein und sind auf keinen Fall als gültige Beschreibung für jeden Einzelfall zu verstehen. Gleichzeitig lassen sie sich aufgrund ihres Abstraktionsgrades weiter als nur speziell auf die bezeichneten Mechanismen anwenden. Die Überlegungen zur Stereochemie der Produkte der S_N-Reaktion lassen sich z. B. nutzen, um Aussagen über die wesentlich weniger häufig auftretenden S_E-*Reaktionen* an Aliphaten zu gewinnen.

So läuft die folgende Reaktion (Schema 5) nach zweiter Ordnung ab, und das cis-Edukt ergibt zu 100% wieder das cis-Produkt, wobei das markierte Quecksilber zu gleichen Teilen auf beide Produkte verteilt ist und deshalb die S_E-Reaktion an beiden dem Hg benachbarten C-Atomen erfolgt sein muß.

Schema 5

Stereochemie einer aliphatischen S_E2-Reaktion

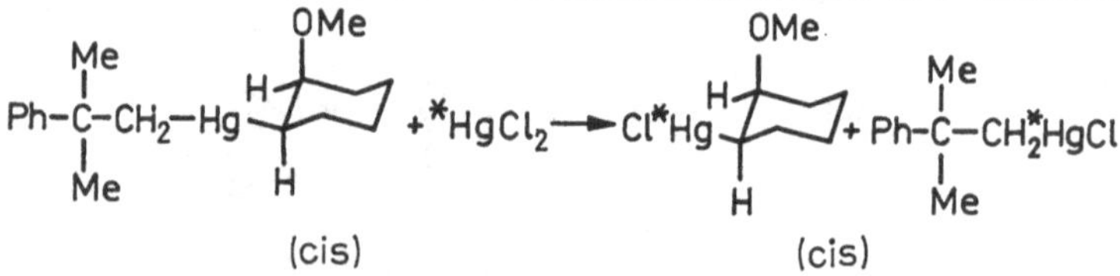

Damit ist diese Reaktion als synchrone S_E-Reaktion mit vollständiger Retention der Konfiguration einzuordnen, was einen AK analog zur S_N2-Reaktion ausschließt. Es muß ein AK mit elektrophiler und elektrofuger Gruppe auf der gleichen Seite diskutiert werden, der Ähnlichkeit mit der elektronischen Situation im Carboniumion $CH_5^{\oplus}$ hat:

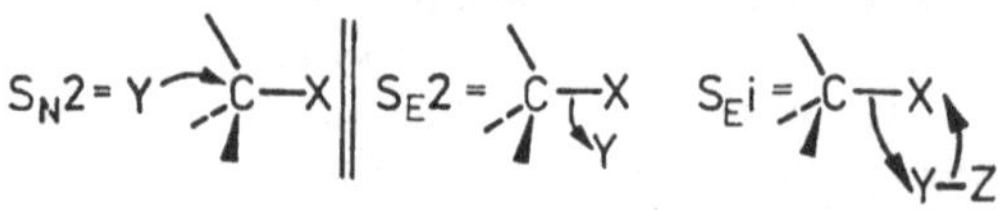

(2)

Der unterschiedliche sterische Verlauf von S_N2- und S_E2-Reaktionen kann stereoelektronisch begründet werden (s. Abschn. 3.2.). Der S_E2- und der S_Ei-Mechanismus (s. Gl. (2)) haben das gleiche stereochemische Ergebnis, die Retention der Konfiguration, und können deshalb nur schwer unterschieden werden. Ein Beispiel für den Konfigurationserhalt bei synchronem S_E-Ablauf gibt die Reaktionsfolge in Schema 6.

Die *S_EAr-Reaktionen* (Schema 4) können auch als Folge von Addition und Eliminierung beschrieben werden. Im ersten Schritt wird das Elektrophil an ein Ring-C-Atom addiert, wobei dieses vom trigonal-ebenen sp^2- in einen tetraedrischen sp^3-Zustand mit der Möglichkeit zur Bildung der beiden enantiomeren σ-Komplexe übergeht. Das angegriffene Kohlenstoffatom ist bei geeigneter Substitution in bezug auf die Bildung des σ-Komplexes prochiral. Da im Folgeschritt das ebene aromatische System durch Ab-

Schema 6

Elektrophile Substitution am Cyclopropan

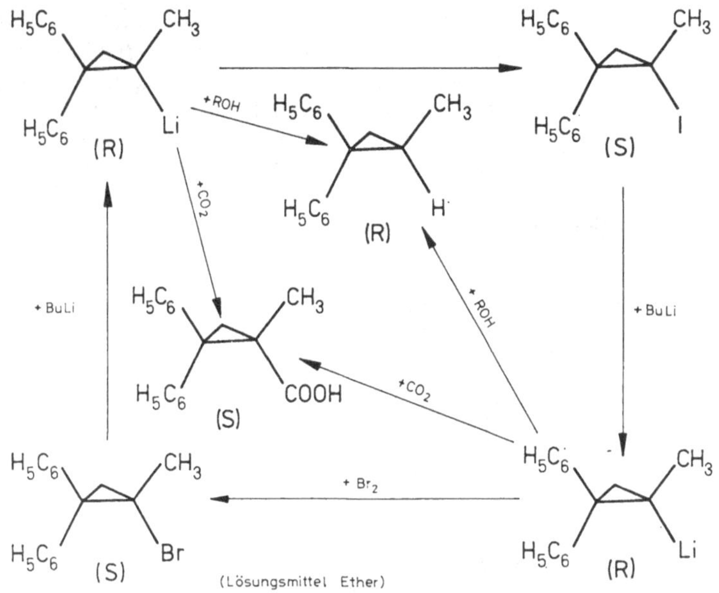

Schema 7

Stereochemie einer S_NAr-Reaktion an aktivierten Aromaten

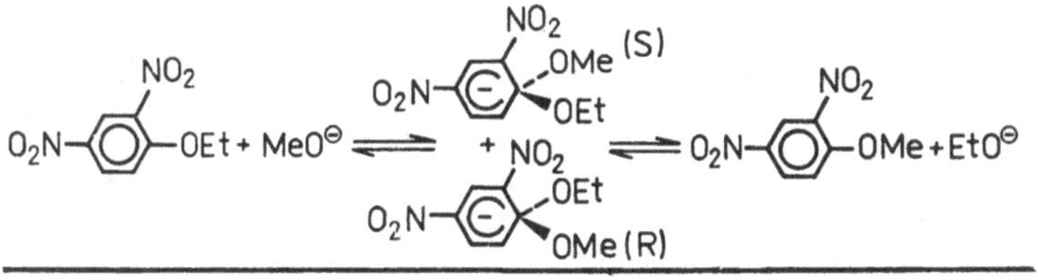

spaltung eines Substituenten zurückgebildet wird, hat die Stereochemie des Zwischenzustandes jedoch keine Auswirkungen auf die Struktur des Produktes.

Die gleichen Verhältnisse werden bei der nukleophilen Substitution an aktivierten Aromaten gelten, wenn der Mechanismus ebenfalls über einen σ-Komplex führt (Schema 7).

Völlig anders liegt der Fall beim Eliminierungs-Additions-Mechanismus der *nukleophilen Substitution an Aromaten* (Schema 4). Die Arin-Zwischenstufe kann durch Eliminierung nach zwei Richtungen, vom zu substituierenden Rest ausgehend, gebildet werden. An die beiden stellungsisomeren Zwischenstufen kann die Addition mit unterschiedlicher Orientierung des Agens vor sich gehen, was die Vielzahl stellungsisomerer Produkte zur Folge hat.

Bei der folgenden *nukleophilen Substitution am Vinyl-C-Atom* (Schema 8) liegt ebenfalls ein Eliminierungs-Additions-Mechanismus vor, der durch den Nachweis des intermediär aus dem (Z)-Isomeren gebildeten Chloracetylens bewiesen wird.

Schema 8
Stereochemie einer S_N-Reaktion an einem Vinyl-C-Atom

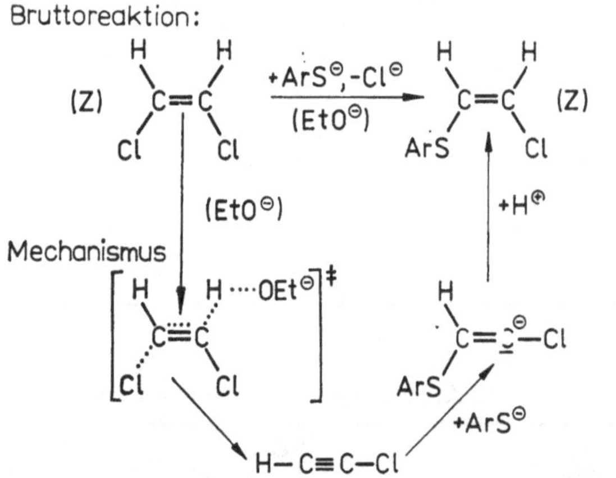

Unter den gleichen Bedingungen reagiert das (E)-Isomere nicht. Offensichtlich ist die Abspaltung der beiden zu eliminierenden Gruppen (H und Cl) aus stereoelektronischen Gründen erschwert, wenn sie synperiplanar zueinander stehen (s. Abschn. 3.2.). Demgegenüber läuft die Abspaltung beim (Z)-Isomeren als anti-Eliminierung ungehindert ab. Die folgende Addition von ArSH an die Dreifachbindung ist, wie die Struktur des Produktes beweist, auch bei primär nukleophilem Angriff eine trans-Addition, die bei dem asynchronen Verlauf durch die Abschirmung der einen Seite im Carbanion durch den großen und leicht polarisierbaren Thiophenylrest erklärt werden kann.

2.2. *Addition*

Die Addition (Schema 9) ist ein Beispiel für einen Reaktionstyp, bei dem eine große Vielfalt isomerer Produkte (Stellungs- und Stereosiomere) möglich ist.

Schema 9

Stereochemie von Additionen

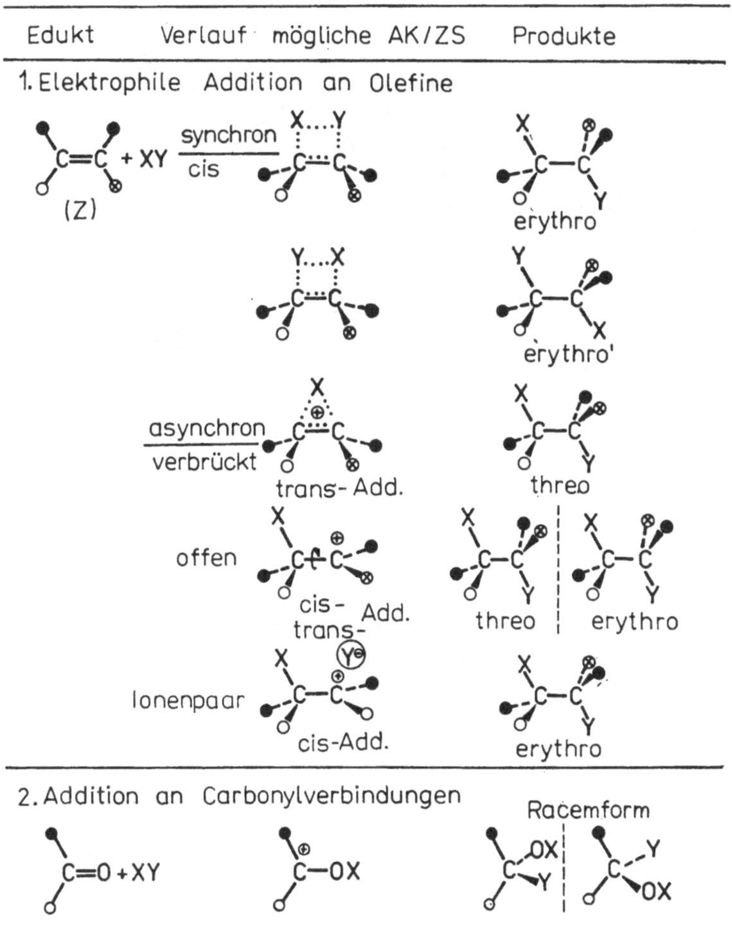

Reagiert das Agens (XY) als Ganzes mit der Doppelbindung, dann ist der Angriff von einer Seite der Substratebene im Sinne einer cis-Addition wahrscheinlich, wobei sich ein cyclischer AK ausbildet und die Bindungsumgruppierungen synchron erfolgen. Als Beispiele sollen die DIELS-ALDER-Reaktionen (s. Abschn. 2.6. und 3.2.) genannt werden.

Sind Olefin und Agens (XY) unsymmetrisch gebaut, müssen auch bei *synchronem* Verlauf zwei Stellungsisomere erwartet werden, deren relative Mengen wieder Aussagen über den detaillierten Mechanismus gestatten. Der Übergang vom sp^2-C-Atom im Olefin zum sp^3-Zustand im Produkt gibt bei geeigneter Substitution gleichzeitig Anlaß zur Bildung zweier asymmetrischer C-Atome, was zur Kennzeichnung der Produkte als Diastereomere (erythro- oder threo-Form) zwingt. Bei der eindeutigen cis-Addition über einen cyclischen AK kann nur eines der beiden Diastereomeren als Racemform gebildet werden, weshalb dieser Mechanismus als stereospezifisch bezeichnet wird.

Die *Epoxidierung* von Olefinen ist eine cis-Addition, bei der der Sauerstoff aus der Persäure in einem cyclischen AK auf die Doppelbindung übertragen wird. Daß bei der Hydroxylierung von Olefinen ein cis-Diol entsteht, deutet darauf hin, daß der als Zwischenstufe gebildete cyclische Ester ebenfalls in einem synchronen Reaktionsschritt entsteht:

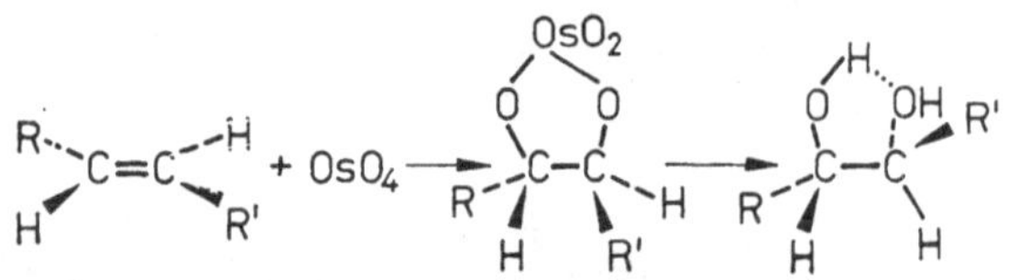

(3)

Als reaktive Zwischenstufen bei *asynchronen* Additionen können Carbeniumionen, Carbanionen und Radikale auftreten. Die Betrachtungen zur Stereochemie der Produkte sind in den drei Fällen ähnlich und sollen am Beispiel der *elektrophilen Addition* (Carbeniumionen-ZS) angestellt werden. Dabei gilt außer der Variationsmöglichkeit in der Konfiguration ebenso wie beim synchronen Mechanismus die Variation in der Konstitution, die im wesentlichen durch elektronische Effekte bestimmt wird und zur MARKOWNIKOW- oder anti-MARKOWNIKOW-Orientierung führt.

In Schema 9 ist nur der Fall des primären Angriffs von X auf das linke C-Atom der Doppelbindung dargestellt.

Tritt als ZS ein Carbeniumion mit offener Struktur und ausreichender Lebensdauer auf, dann ist als Produkt ein Gemisch der Diastereomeren zu erwarten, weil durch die Rotation um die C-C-Bindung beide Orientierungen zwischen Y und dem trigonal-ebenen prochiralen Carbeniumionenzentrum gleichberechtigt werden.

Eines der beiden möglichen racemischen Diastereomeren wird dann bevorzugt, wenn X mit seinen freien Elektronenpaaren mit dem Carbeniumionenzentrum in Wechselwirkung tritt und eine verbrückte Struktur ausbildet (Nachbargruppenbeteiligung s. Abschn. 3.7.). Damit wird die eine Seite der ursprünglichen Doppelbindungsebene abgeschirmt, und der Angriff von Y erfolgt bevorzugt im Sinne einer trans-Addition von der Gegenseite, so daß nur das eine Diastereomere (in Schema 9 die threo-Form) entstehen kann.

Aus der Tatsache, daß bei der *radikalischen Addition* von HBr an 2-Brom-but-2-en bei −80 °C das (E)-Isomere 92% meso-Produkt und die (Z)-Form fast nur ein DL-Produkt ergibt, was einer bevorzugten trans-Addition entspricht, kann gefolgert werden, daß auch die radikalische ZS in diesem Falle verbrückt vorliegt (vgl. Schema 100).

Bedeutet die trans-Addition an eine verbrückte ZS die Bildung des einen Diastereomeren, dann sollte die unter bestimmten Bedingungen mögliche cis-Addition zum anderen Diastereomeren (in Schema 9 zur erythro-Form) führen. Das ist bei asynchronem Verlauf dann möglich, wenn das sich durch Aufspaltung des XY bildende $Y^{\ominus}$ mit dem entstandenen Carbeniumion $>CX-C^{\oplus}<$ als Ionenpaar verbunden bleibt und damit die Ausbildung der Bindung Y—C bei Erhalt der ursprünglichen gegenseitigen Anordnung erfolgen kann. So werden aus 1-Phenyl-propen in dem wenig dissoziierenden Lösungsmittel Dichlormethan bei 0 °C durch Addition von DBr die einer cis-Addition entsprechenden Produkte erhalten.

Die Struktur der in einer konkreten elektrophilen Addition auftretenden ZS hängt stark von inneren und äußeren Einflüssen ab. Damit wird gleichzeitig die Produktverteilung bestimmt. Die Lage des Gleichgewichtes zwischen *Ionenpaar*, *verbrücktem* und *offenem Carbeniumion*

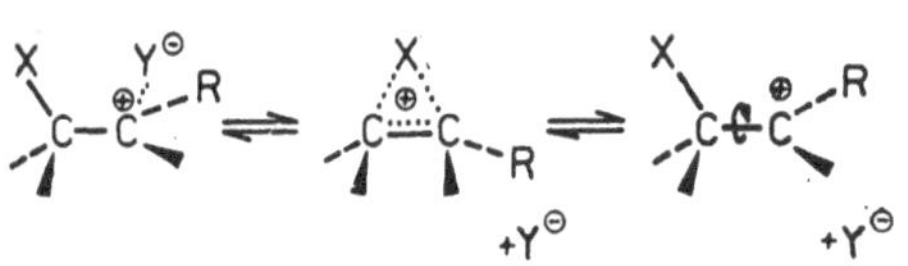

(4)

wird sowohl von der Natur des Restes R und des primär angreifenden Elektrophils X als auch vom Lösungsmittel beeinflußt.

Je stärker R die positive Ladung am unmittelbar damit verbundenen C-Atom stabilisiert, um so mehr wird das Carbeniumion mit einer offenen Struktur bevorzugt und um so deutlicher wird die MARKOWNIKOW-Orientierung im Produkt erkennbar. Bei der ICl-Addition an Propen ($R{=}CH_3$) entsteht zu 69% das MARKOWNIKOW-Produkt 1-Iod-2-chlor-propan, $H_3C{-}CHCl{-}CH_2I$, während im Falle des Styrens ($R{=}C_6H_5$) dieses Produkt $C_6H_5{-}CHCl{-}CH_2I$ sogar zu etwa 95% gebildet wird, weil das Carbeniumion durch den Phenylring eine stärkere Stabilisierung erfährt.

Mit Erhöhung der Polarisierbarkeit von X steigt die Verbrückungstendenz im Carbeniumion an, so daß als stereochemische Konsequenz die trans-Addition zunimmt (Schema 10).

Schema 10

Halogenaddition an (E)-Stilben in CCl_4

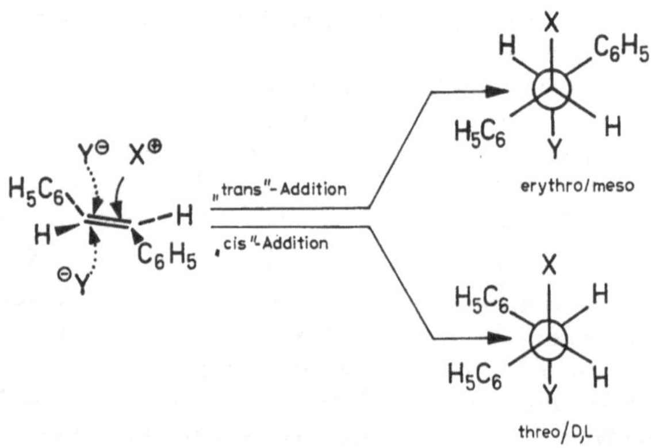

X–Y	Ausbeute an threo-Produkt (%)
Cl–Cl	20
Br–Br	11
I–Cl	0

Je unpolarer das Lösungsmittel ist, desto stärker wird bei einem X mit hoher Verbrückungstendenz ein verbrücktes Ion bevorzugt, das eine trans-Addition zur Folge hat, während bei geringer Verbrückungstendenz die ZS stärker Ionenpaarcharakter erhält und somit zur cis-Addition führt. Deshalb beobachtet man z. B. bei der Chloraddition an (E)- und (Z)-Stilben in 1.2-Dichlor-ethan eine bevorzugte cis-Addition, während bei der Bromaddition an (E)-Stilben beim Übergang von CCl_3COOCH_3 zum CS_2 als Lösungsmittel mit der Zunahme der verbrückten Struktur der Anteil des meso-Produktes von 79 auf 95% steigt.

Bei der *Addition an die Carbonyldoppelbindung* (Schema 9) kann sich bei geeigneter Substitution ein asymmetrisches Zentrum bilden. Normalerweise entsteht wegen der Gleichberechtigung der beiden Angriffsseiten der prochiralen Carbonylgruppe die Racemform des Produktes. Erst die Anwesenheit eines asymmetrischen Zentrums in Nachbarschaft zum Carbonyl-C kann eine Begünstigung eines der beiden möglichen Isomeren bewirken, da bei einer bestimmten Konfiguration des benachbarten Chiralitätszentrums die beiden isomeren Produkte Diastereomere mit unterschiedlichen Eigenschaften darstellen. Wird die Racemform des chiralen Eduktes eingesetzt, so entstehen die racemischen Diastereomeren in unterschiedlicher Ausbeute. Nur wenn man von einem Enantiomeren des Eduktes ausgeht, werden die optisch aktiven Diastereomeren (wiederum in unterschiedlichen Ausbeuten) erhalten.

Die Addition an optisch aktive Carbonylverbindungen stellt eine wichtige Methode der asymmetrischen Synthese dar. Ihre Stereochemie läßt sich häufig durch Anwendung der CRAMschen Regel vorhersagen (s. Abschn. 4.2.).

Besonders deutlich werden die stereochemischen Konsequenzen eines synchronen bzw. asynchronen Reaktionsablaufs bei der *Addition von Carbenen* an Olefine (Schema 11).

Das sp^2-hybridisierte Singlettcarben mit einem H-C-H-Winkel von etwa 103° wird über einen synchronen AK an die Doppelbindung addiert, wobei die ursprüngliche Konfiguration im Olefin erhalten bleibt. Das Triplettcarben dagegen, das zwei ungepaarte Elektronen besitzt und gestreckt gebaut ist, wird in einem Zweischrittmechanismus an die Doppelbindung angelagert, wobei zunächst ein Diradikal entsteht, in dem die ungepaarten Elektronen parallele Spins besitzen. Zur Ausbildung einer kovalenten Bindung ist deshalb eine Spinumkehr eines ungepaarten Elektrons nötig, so daß der ZS genügend Zeit für Rotationen um die C—C-Bindung bleibt und ein Diastereomerenpaar entsteht. Dieser stereochemische Unterschied bei der Carbenaddition an Olefine wird umgekehrt zur Charakterisierung der elektronischen Natur des eingesetzten Carbens ausgenutzt.

Schema 11

Stereochemie der Carbenaddition an Olefine

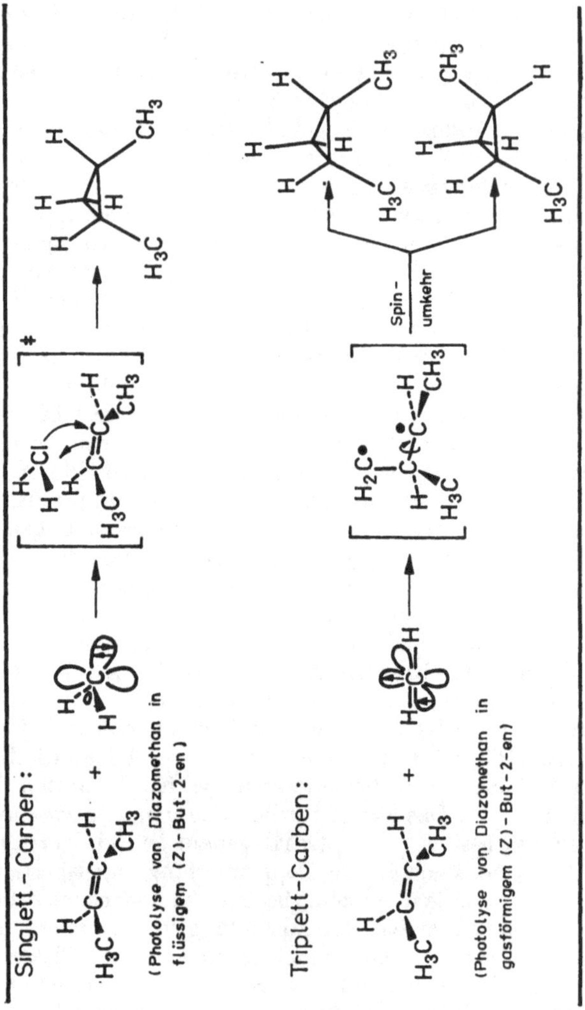

2.3. *Eliminierung*

Die stereochemische Vielfalt, die für Additionsreaktionen typisch und durch den Übergang einer Doppelbindung mit geometrischer Isomerie in zwei tetraedrische C-Atome mit der Möglichkeit zur optischen und zur Diastereoisomerie gekennzeichnet ist, gilt in umgekehrter Richtung auch für die 1,2-Eliminierungen (Schema 12).

Schema 12

Stereochemie von 1,2-Eliminierungen

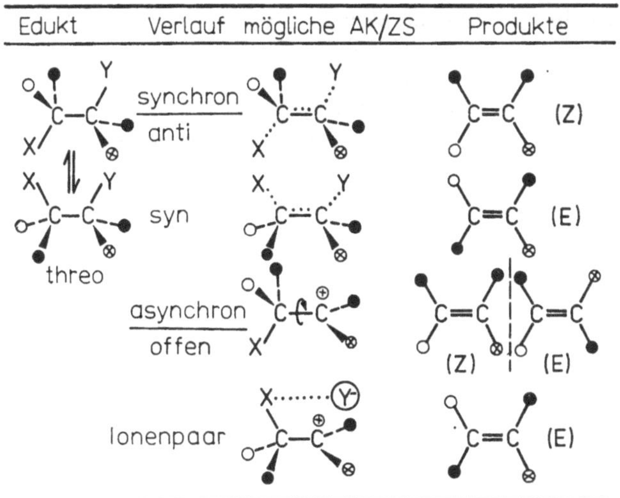

Für *synchrone Eliminierungen* (gleichzeitige Abspaltung von X und Y) ist charakteristisch, daß die Abgangsgruppen im AK bevorzugt antiperiplanar oder auch synperiplanar angeordnet sind. Nur so können die sich aus den sp^3-Orbitalen an den benachbarten C-Atomen entwickelnden p_z-Orbitale seitlich überlappen und kontinuierlich die Doppelbindung ausbilden, d. h. die E2-Eliminierungen laufen unter stereoelektronischer Kontrolle ab und sind deshalb stereospezifisch (s. Abschn. 3.2.).

Ein klassisches Beispiel für die E2-Eliminierung über einen antiperiplanaren AK ist die Debromierung von meso- und D,L-2.3-Dibrom-butan in Gegenwart von Iodid. Aus dem meso-Edukt wird zu 96% das (E)-But-2-en und aus dem D,L-Edukt zu 91% das (Z)-But-2-en gebildet.

Über einen antiperiplanaren AK verlaufen auch einige synchrone *Fragmentierungen.* Die damit verbundenen stereoelektronischen Besonderheiten werden im Abschn. 3.2. behandelt.

Der aus stereoelektronischen Gründen auch mögliche Ablauf der synchronen Eliminierung über eine synperiplanare Anordnung der abzuspaltenden Gruppen X und Y ist in Systemen mit einem rotationsfähigen σ-Bindungsgerüst kaum realisiert, weil er eine ekliptische Konformation erfordert. Die syn-Eliminierung wird aber immer dann als Konkurrenz in Erscheinung treten, wenn sie in cyclischen Systemen erzwungen wird (Schema 13, vgl. auch Abschn. 3.2., 3.8. und 3.9.).

Schema 13

E2-Reaktion über einen synperiplanaren AK

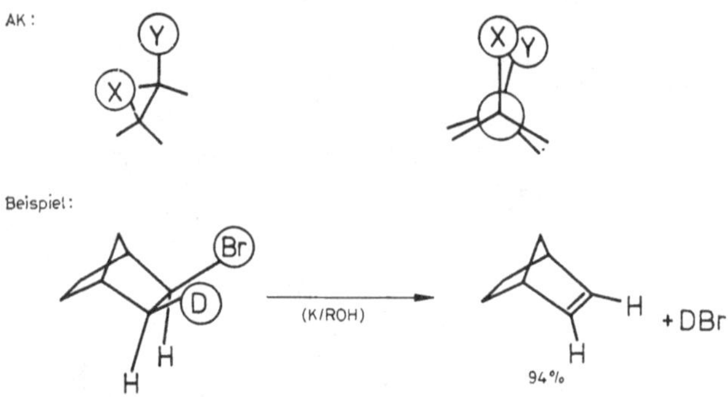

Synchrone syn-Eliminierungen treten auch auf, wenn X und Y über einen cyclischen AK miteinander in Wechselwirkung treten und gemeinsam abgespalten werden. Dazu gehören die Esterpyrolysen und verwandte Reaktionen.

Bei *asynchronen Eliminierungen* über eine Carbeniumionenzwischenstufe ist wegen der Rotationsfähigkeit der $>CX-C^{\oplus}<$-Bindung und der damit verbundenen Einstellung eines Konformationsgleichgewichtes die Bildung der beiden geometrischen Isomeren möglich. In welchem Verhältnis die beiden Isomeren entstehen, ist entscheidend von der Lage dieses Gleichgewichtes abhängig (s. Abschn. 3.4.).

Eine deutliche Bevorzugung eines der geometrischen Isomeren ist bei asynchronem Verlauf wahrscheinlich, wenn

- die ionische ZS sehr kurzlebig ist, d. h. die Abspaltung des X so schnell der Ionenbildung folgt, daß sich das Konformationsgleichgewicht der ZS noch nicht einstellen konnte,
- die ionische ZS verbrückt vorliegt und damit die Konformation fixiert wird, was aber bei X=H kaum zu erwarten ist, obwohl theoretische Berechnungen für das Ethylkation in der Gasphase die verbrückte Struktur als stabiler gegenüber der klassischen ergeben,
- das primär abgespaltene $Y^{\ominus}$ mit dem Carbeniumion ein Ionenpaar bildet und damit als Base zur Abspaltung eines Protons aus synperiplanarer bzw. synclinaler Position zur Verfügung steht. Das entspricht einer intramolekularen syn-Eliminierung.

Da bei *E1cB-Reaktionen* eine ZS in Form eines Carbanions auftritt, können die stereochemischen Argumentationen vom E1-Fall im wesentlichen übernommen werden. Zahlreiche Experimente weisen aber darauf hin, daß die Carbanionenzwischenstufe eine sehr geringe Lebensdauer besitzt und damit bezüglich der Stereochemie der Produkte im Grenzgebiet zur E2-Reaktion liegt.

Schema 14

Orientierung der Doppelbindung bei Eliminierungen

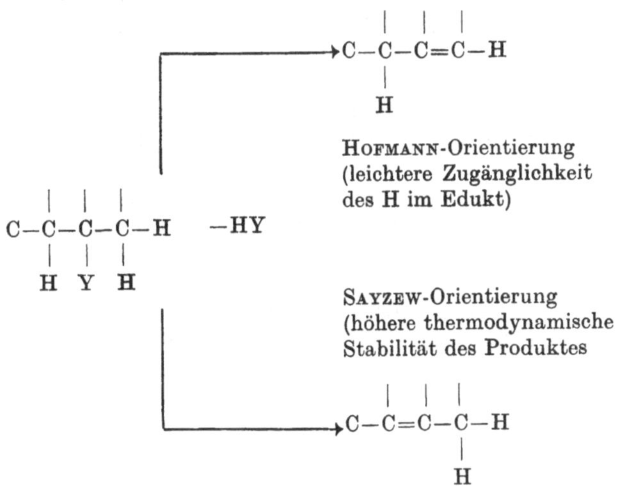

Bei dieser Diskussion ist noch nicht berücksichtigt worden, daß in geeigneten Substraten (insbesondere bei X=H) die Ausgangsgruppe X von zwei zu C—Y benachbarten C-Atomen abgespalten werden kann, was zu unterschiedlicher, d. h. isomerer Orientierung der Doppelbindung führt (Schema 14).

Welche der beiden Orientierungen bevorzugt wird, hängt in starkem Maße auch von sterischen Faktoren ab, auf die später genauer eingegangen werden soll (s. Abschn. 3.3.).

2.4. Umlagerung

Sehr viele Reaktionen werden von Umlagerungen begleitet, bei denen ein Atom oder eine Atomgruppe ihren Platz im Molekülgerüst wechseln. Abhängig vom Substrat und von den Reaktionsbedingungen sind alternative Reaktionsabläufe möglich, die am Beispiel einer speziellen 1,2-Umlagerung — der WAGNER-MEERWEIN-*Umlagerung* — angedeutet werden sollen (Schema 15).

Bei der WAGNER-MEERWEIN-Umlagerung (X = Alkyl; Z, Z' = OH) können Ausgangs- und Endprodukt der Umlagerung asymmetrisch sein. Wenn der Austritt von Z, die Wanderung von X und der Angriff von Z' *synchron* erfolgen, was einer intramolekularen S_N2-Reaktion am Wanderungsendpunkt und einer „normalen" S_N2-Reaktion am Ausgangszentrum entspricht, dann ist mit einer vollständigen Inversion an beiden Zentren zu rechnen. In dem Maß, wie der Angriff von Z' der Wanderung von X nachfolgt, wird der Anteil an Racemisierung am Ausgangszentrum zunehmen.

Bei *asynchronem* Verlauf, d. h. bei primärer Abspaltung von Z, entsteht eine ZS, die je nach Verbrückungstendenz durch die wandernde Gruppe X mehr oder weniger stark zur Rotation befähigt ist. Wenn auch das im Ergebnis der Umlagerung gebildete Carbeniumion eine ausreichende Lebensdauer hat, dann kann die maximal mögliche Anzahl von Stereoisomeren gebildet werden, wobei die Produktverteilung nicht unwesentlich von den konformativen Gleichgewichten in den Carbeniumionen beeinflußt wird.

Ist die wandernde Gruppe X eine asymmetrisch gebaute Alkylgruppe, dann wird bei ihrer intramolekularen 1,2-Wanderung fast ausschließlich Retention der Konfiguration beobachtet.

Die hier angestellten Überlegungen gelten prinzipiell auch für andere Umlagerungen mit nukleophil wandernden Gruppen. So zeigt sich die Retention der wandernden Gruppe X mit einem Aus-

Schema 15

Stereochemie einer WAGNER-MEERWEIN-Umlagerung

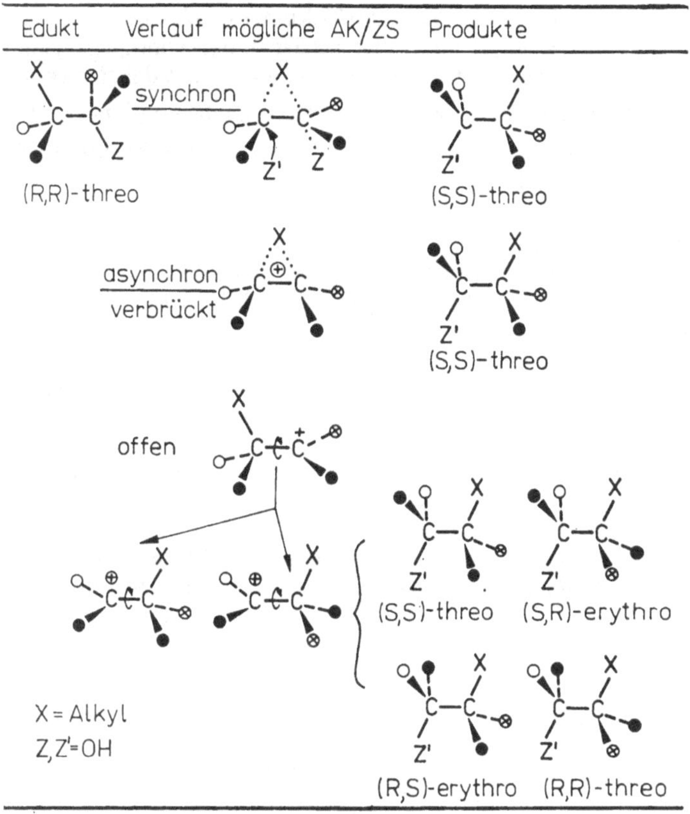

maß > 95% bei CURTIUS-, HOFMANN-, LOSSEN- und SCHMIDT-Reaktion der entsprechenden Derivate der α-Phenylpropionsäure $C_6H_5-CH(CH_3)-COOH$ zum Amin $C_6H_5-CH(CH_3)-NH_2$ ($X=C_6H_5-CH(CH_3)-$).

Sigmatrope Umlagerungen, die als pericyclische Reaktionen über einen cyclischen AK ablaufen, zeigen eine besonders enge stereochemische Verknüpfung von Edukt und Produkt (s. Abschn. 2.6.).

2.5. *Stereochemie reaktiver Zwischenstufen*

Das Auftreten reaktiver Zwischenstufen bei organischen Reaktionen [12—14] ist ein Charakteristikum *asynchroner Reaktionsabläufe* (Schema 16, (b)) und führt zu der in den vorangegangenen Abschnitten aufgezeigten stereochemischen Vielfalt der Reaktionsprodukte. Außer den bereits genannten Carbeniumionen $>C^{\oplus}$, Radikalen $>C^{\odot}$ und Carbanionen $>C^{\ominus}$ haben EDA-Komplexe als reaktionseinleitende ZS, Arine, Carbene als ZS mit Elektronendefizit sowie ambidente Ionen, Radikalionen, Diradikale und -ionen als multivalente ZS Bedeutung.

Die durch die genannten ZS außer den Singlettcarbenen (s. Abschn. 2.2.) verursachte und oft sehr differenzierte Produktverteilung hängt in starkem Maße vom Substrat, vom Lösungsmittel und vom Reaktionspartner ab. Sowohl bei den *Carbeniumionen* als auch den *Radikalen* und den *Carbanionen* hat die mögliche Vielfalt der Produkte gemeinsame Ursachen. Wenn diese ZS, für die R_3C° stehen soll, eben gebaut sind, dann sind auch beide Seiten für den Angriff des Reaktionspartners im zweiten Reaktionsschritt gleichberechtigt.

Somit können die ZS prochiral sein, weshalb unter achiralen Reaktionsbedingungen ein racemisches Produkt entstehen sollte, s. Gl. (5). Besitzen die ZS pyramidale Struktur, so entsteht durch die Möglichkeit der Inversion, die einen dynamischen Wechsel der

Schema 16

Energieprofildiagramme

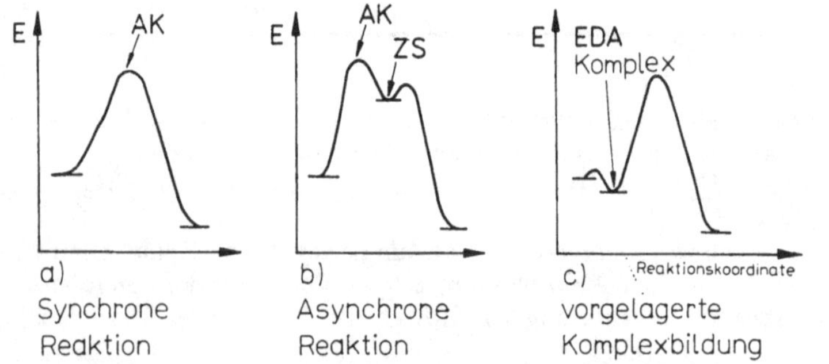

Konfiguration darstellt, ebenfalls eine Racemform als Produkt, s. Gl. (5).

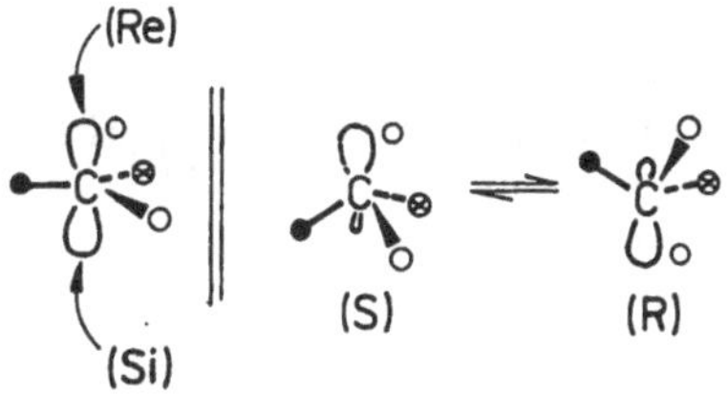

(5)

Auf experimentellem Weg sowie durch quantenchemische Berechnungen wurden Aussagen über die bevorzugte Konfiguration dieser drei Typen von ZS gewonnen [15]. Danach bevorzugen Carbeniumionen den planaren Bau und leisten dem Übergang in eine pyramidale Struktur erheblichen Widerstand. Deshalb sind z. B. Carbeniumionen an Brückenkopfatomen sehr schwer zu erhalten (s. Abschn. 3.8.). Im Gegensatz dazu stellt die planare Struktur für Carbanionen nur den AK für die Umwandlung der beiden pyramidalen Formen ineinander dar (Inversionsbarriere für $CH_3^{\ominus} \approx 20$ kJ/mol, Schema 17). Das Radikal liegt in seinem Verhalten zwischen diesen beiden Grenzfällen. Eine planare Struktur bei Radikalen und auch bei Carbanionen wird immer dann stabilisiert, wenn die Elektronendichte am zentralen C-Atom durch Konjugation delokalisiert werden kann.

Wenn bei Reaktionen über die ZS des Typs R_3C° nicht das an sich zu erwartende Verhalten — Racemisierung — festzustellen

Schema 17

Inversionsverhalten reaktiver Zwischenstufen R_3C°

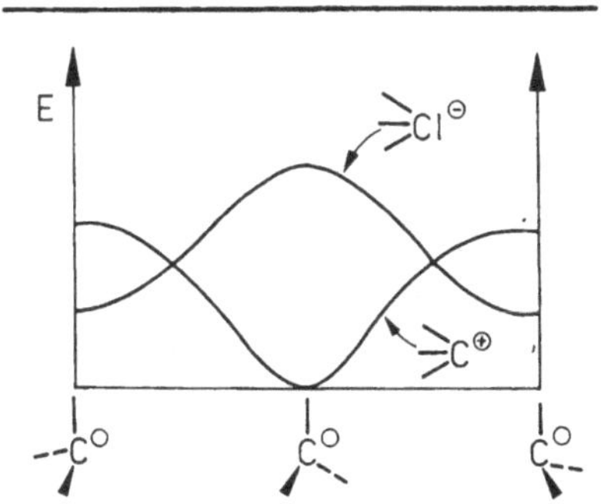

ist, sondern Inversion oder Retention dominieren, dann können die folgenden bereits besprochenen Ursachen verantwortlich gemacht werden:

- zu geringe Lebensdauer der ZS,
- Mitwirkung des Lösungsmittels als Reaktionspartner,
- Ausbildung verbrückter Strukturen in den ZS,
- Auftreten von Ionenpaaren

(vgl. Abschn. 2.1. bis 2.4.).

Der Einfluß der Lebensdauer der ZS und des *Gleichgewichtes* zwischen *Ionenpaaren* und *freien Ionen* läßt sich am Beispiel des basenkatalysierten Isotopenaustausches an einem optisch aktiven Fluorenderivat zeigen (Schema 18).

Schema 18

Stereochemie eines basenkatalysierten Isotopenaustausches

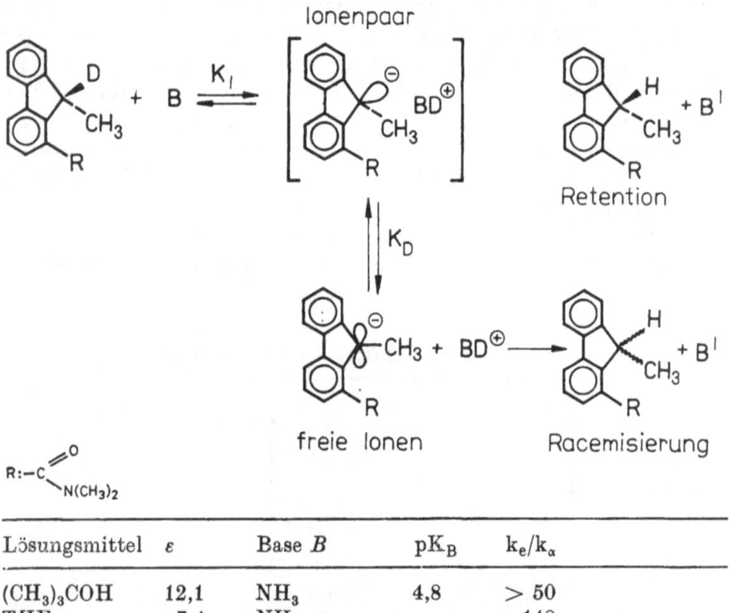

Lösungsmittel	ε	Base *B*	pK_B	k_e/k_α
$(CH_3)_3COH$	12,1	NH_3	4,8	> 50
THF	7,4	NH_3		148
THF		$n\text{-}C_3H_7NH_2$	3,4	> 56
THF		$(n\text{-}C_3H_7)_2NH$	3,0	> 9
$(CH_3)_2SO$	46,7	NH_3		1

Der geschwindigkeitsbestimmende Schritt ist die Heterolyse der C-D—Bindung, die im ersten Schritt (Ionisation) zum Ionenpaar und im folgenden Schritt zu den freien Ionen (Dissoziation) führt. Die Lage dieser gekoppelten Gleichgewichte wird stark durch das Lösungsmittel beeinflußt. In diesem Reaktionssystem sind sowohl die Geschwindigkeit des Isotopenaustausches (k_e) als auch des Verlustes der optischen Aktivität durch Racemisierung (k_α) unabhängig voneinander meßbar. In den Lösungsmitteln mit niedriger Dielektrizitätskonstante ε, in denen die Heterolyse im wesentlichen nur bis zur Stufe des Ionenpaares führt, ist das Verhältnis k_e/k_α größer als 1. Im Ionenpaar bleibt die ursprüngliche Konfiguration durch die elektrostatische Wechselwirkung zwischen dem Carbanion und der konjugierten Säure erhalten. Die Rückbildung der Neutralverbindung durch Übertragung des Deuteriumions oder eines in der konjugierten Säure ebenfalls zur Verfügung stehenden Protons verläuft daher unter Konfigurationserhalt. Im stärker dissoziierenden Lösungsmittel DMSO, in dem freie Ionen vorliegen, kann die Protonierung des Carbanions von beiden Seiten erfolgen, woraus ein racemisches Produkt resultiert. Ob dabei das Anion z. B. durch Resonanzstabilisierung eben gebaut ist oder in einer pyramidalen Anordnung mit der Möglichkeit zur Inversion der Konfiguration vorliegt, ist für diesen Sachverhalt ohne Bedeutung. Daß auch die Acidität der protonierten Base einen Einfluß besitzt, zeigt der Vergleich der Geschwindigkeitsverhältnisse beim Übergang zum stärker basischen Di-n-propylamin.

Sehr oft ist die *Bildung von EDA-Komplexen* in einem vorgelagerten Gleichgewicht der erste Schritt einer Reaktion (Schema 16, (c)). Ihre Bedeutung für den Reaktionsablauf liegt darin, daß sie durch die Donator-Akzeptor-Wechselwirkung die elektronische Umgruppierung vorbereiten und eine definierte räumliche Anordnung der Reaktionspartner bewirken. Ob die im Komplex erreichte Anordnung der Reaktionspartner auch im Reaktionsprodukt zu finden ist, hängt jedoch vom weiteren Reaktionsweg ab.

Die *Photoaddition* von Maleinsäuredinitril an Cyclohexen, bei der die Anregung des EDA-Komplexes durch Licht mit einer Wellenlänge oberhalb des Absorptionsmaximums des Komplexes erfolgt, liefert z. B. vier Reaktionsprodukte (Schema 19). Die Annahme einer flexiblen diradikalischen ZS, die aus dem sterisch definierten Komplex entsteht, erklärt die gefundene Produktvielfalt.

Den umgekehrten Fall einer Reaktion mit hoher stereochemischer Bestimmtheit findet man bei der *Dimerisierung* von (E,E,E)-

Schema 19

Photoaddition von Maleinsäuredinitril und Cyclohexen

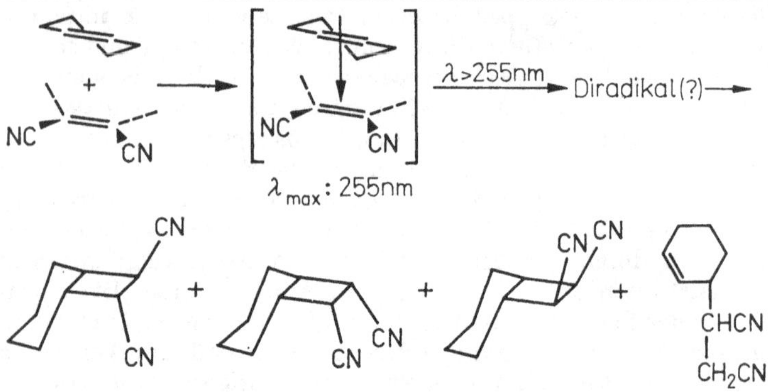

Schema 20

Photodimerisierung von E,E,E-Tristyryl-benzen

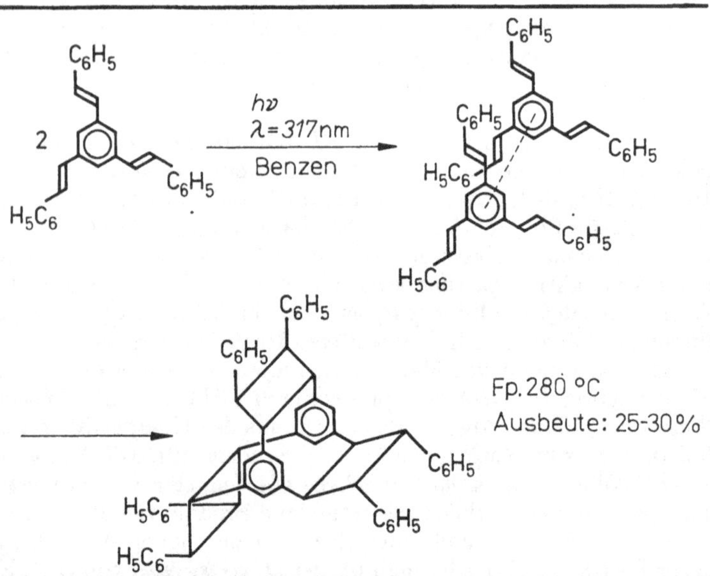

Tristyryl-benzen zu einem Cyclophan. Die Bildung der drei Vierringe im Reaktionsprodukt durch [$2_s + 2_s$]-Photocycloaddition ergibt sich, wenn als Zwischenstufe ein Excimeren-Komplex angenommen wird, in dem die Geometrie des Reaktionsproduktes vorgebildet ist (Schema 20).

Bei der *Chlorierung* von Phenol durch die beiden isomeren Perchlorcyclohexadienone (Schema 21) werden Substrat und Chlorierungsagens sowohl durch EDA-Komplexbildung als auch durch eine Wasserstoffbrückenbindung in ihrer relativen Lage zueinander fixiert. Dadurch wird das wirksame Chlor in Richtung der p- bzw. o-Position im Substrat orientiert und ein drastischer Wechsel in der Regioselektivität hervorgerufen.

Schema 21

Regioselektive Chlorierung von Phenol

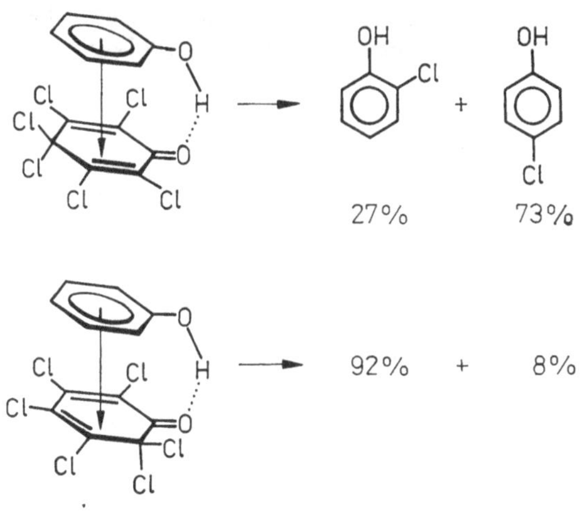

2.6. *Pericyclische Reaktionen* [16, 17]

Synchrone Reaktionen sind durch die Gleichzeitigkeit von Bindungsbildung und -bruch bei der Bindungsumgruppierung im Reaktionsablauf gekennzeichnet. Verbunden damit ist ein Maximum der freien Enthalpie, das den AK auf dem Weg von den

Edukten zu den Produkten charakterisiert (Schema 16, (a)). Der allgemeine Fall, daß Bindungsbildung und -bruch zwischen mehreren Zentren in einem Reaktionsschritt, aber nicht streng zeitlich gleichlaufend vorsichgehen, wird *konzertierter Ablauf* genannt. Auch dessen Merkmal ist das Fehlen einer reaktiven Zwischenstufe.

Der konzertierte Reaktionsablauf ist, wie das Beispiel der S_N2- oder E2-Reaktionen zeigt, gleichbedeutend mit einer sehr engen Kopplung zwischen Edukt- und Produktstruktur. Führt eine konzertierte Reaktion über einen *cyclischen AK*, d. h., findet die konzertierte Bindungsumgruppierung in einem Ring von miteinander wechselwirkenden Zentren statt, dann sollte diese Kopplung noch verstärkt sein, weil cyclische Strukturen gegenüber offenen von vornherein eine geringere Flexibilität zeigen. Deshalb folgen auch die von WOODWARD und HOFFMANN systematisierten pericyclischen Reaktionen, wenn sie konzertiert über cyclische AK ablaufen, mit sehr hoher Stereoselektivität den von ihnen ausgearbeiteten Regeln. Im Schema 22 sind die pericyclischen Reaktionstypen zusammengestellt. Dabei sind die Beispiele so gewählt, daß erkennbar wird, daß im cyclischen AK jeweils 6 miteinander in Wechselwirkung stehende Elektronen konzertiert umgruppiert werden.

Schema 22

Pericyclische Reaktionen

---

1. *Elektrocyclische Reaktionen*

Ringschluß zwischen den Enden eines linear konjugierten Systems mit k π-Elektronen bzw. dessen Umkehrung

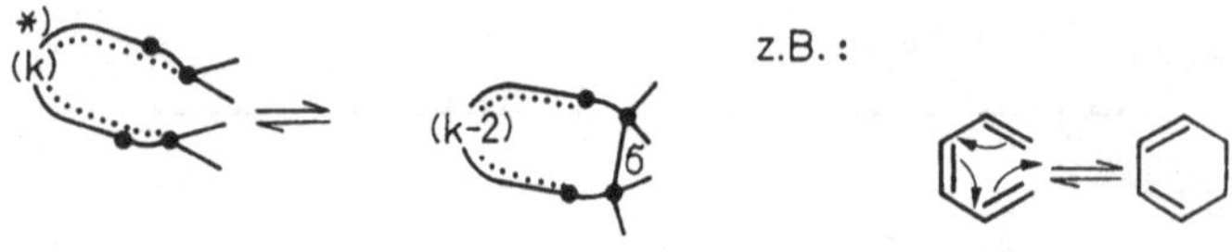

---

*) (*m*) — konjugiertes System mit m π-Elektronen;

•—• — Bindung zwischen benachbarten Atomen

Schema 22 (Fortsetzung)

2. *Cycloadditionen und -reversionen*

Ringschluß durch die Addition der Enden eines linear konjugierten Systems mit m π-Elektronen an die Enden eines zweiten linear konjugierten Systems mit n π-Elektronen und dessen Umkehrung

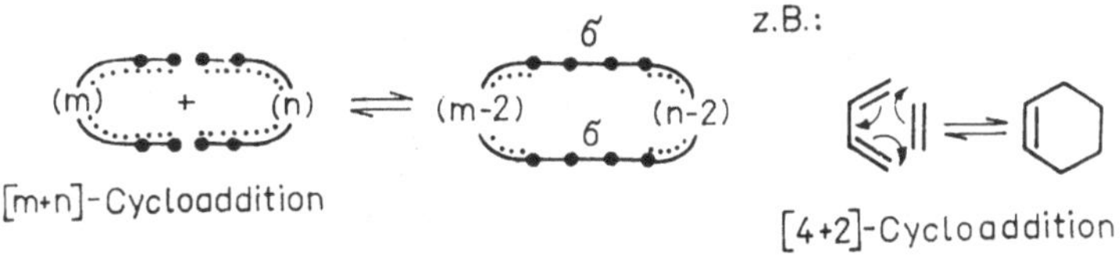

3. *Sigmatrope Reaktionen*

Wanderung einer σ-Bindung zwischen den Enden der beiden durch hypothetische Homolyse (⌇) der wandernden σ-Bindung entstehenden konjugierten Systeme mit m bzw. n π-Elektronen

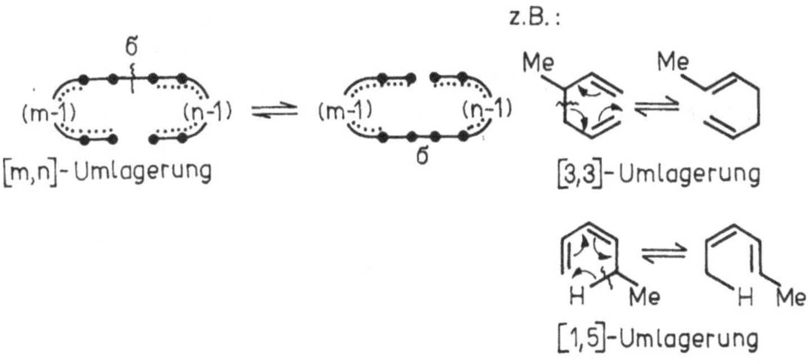

4. *Cheletrope Reaktionen*

Bildung zweier σ-Bindungen zwischen den Enden eines konjugierten Systems mit m π-Elektronen und dem Elektronenpaar an einem Atom bzw. deren Umkehrung

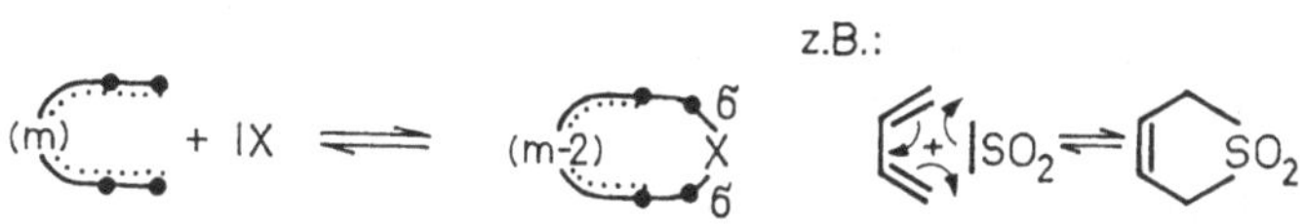

Schema 22 (Fortsetzung)

5. *Gruppenübertragung*

Übertragung zweier Gruppen von tetraedrischen C-Atomen am Ende eines konjugierten Systems mit m π-Elektronen auf die Enden eines zweiten π-Systems mit n π-Elektronen

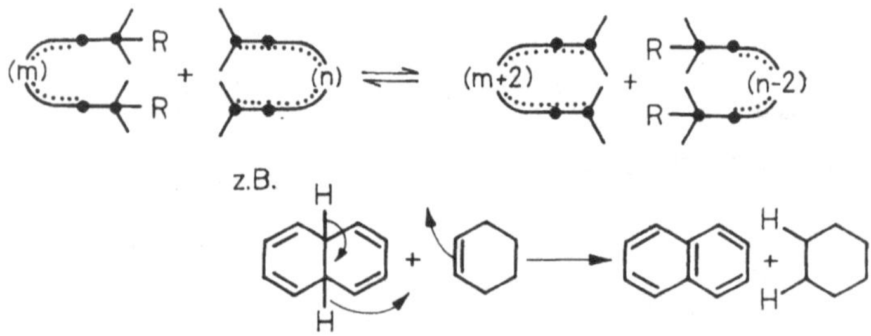

Die WOODWARD-HOFFMANN-*Regeln* stellen nun den Zusammenhang zwischen der Zahl der im cyclischen AK umgruppierten Elektronen und dem stereochemischen Ablauf der pericyclischen Reaktion her und finden ihre Begründung in dem Prinzip der Erhaltung der Orbitalsymmetrie (s. a. [7]). Darauf wird kurz bei der Behandlung der stereoelektronischen Effekte noch einmal eingegangen werden (s. Abschn. 3.2.).

Für die *elektrocyclischen Reaktionen* (s. Schema 22) ergeben sich als stereochemische Alternativen dis- bzw. konrotatorische Ringbildung bzw. -spaltung (Schema 24), wobei damit die relative Drehung der zwei Endatome zueinander charakterisiert werden soll. Das Beispiel 1 in Schema 23 mit $k = 6$ π-Elektronen zeigt, daß die thermische Cyclisierung eines Hexatriens in Übereinstimmung mit der Regel (Schema 24) ausschließlich disrotatorisch erfolgt und damit zum trans-Dimethylderivat führt.

Bei *Cycloadditionen* (Schema 22) werden zwei neue σ-Bindungen zwischen den Enden von zwei konjugierten Bindungssystemen gebildet. Dabei kann der Angriff auf die beiden Enden in der Ebene des einen konjugierten Systems jeweils von einer Seite (suprafacial) bzw. von entgegengesetzten Seiten (antarafacial) erfolgen. Das gleiche gilt auch für den zweiten Partner (Schema 25). Je nach den unterschiedlichen Angriffsrichtungen auf beide Partner ergeben sich unterschiedliche Diastereomere als Produkte.

Schema 23

Stereochemie pericyclischer Reaktionen: Beispiele mit 6 beweglichen Elektronen

1. Elektrocyclische Reaktion

2. Cycloaddition

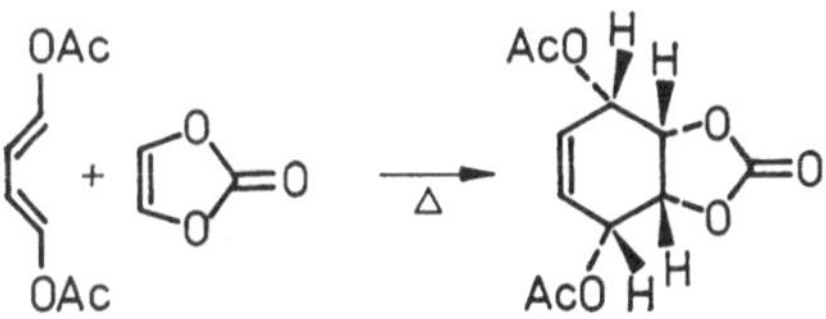

3. Sigmatrope Umlagerungen

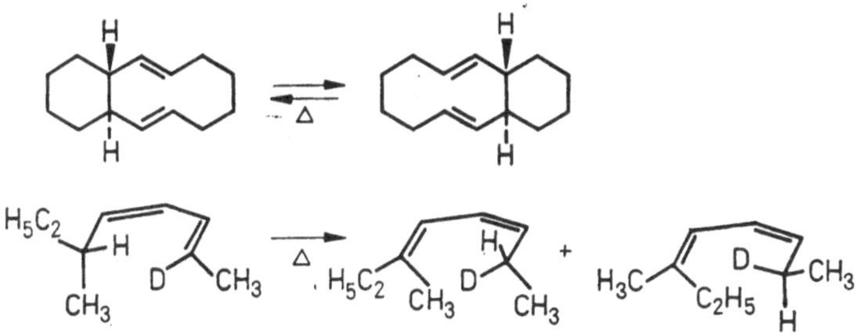

Das Beispiel 2 einer Diels-Alder-*Reaktion* in Schema 23 läßt deutlich den suprafacialen Angriff sowohl auf das Dien als auch auf das Dienophil erkennen, wie er für $4 + 2 = 6$ π-Elektronen bei thermischer Reaktionsführung erwartet wird (Schema 25). Der entsprechende AK ist im Schema 26 (a) neben weiteren Möglichkeiten dargestellt. Bei einer $[4_a + 2_s]$- bzw. $[4_s + 2_a]$-Cycloaddition sollten entweder die OAc-Gruppen oder die Kohlensäureestergruppen im Produkt jeweils trans zueinander stehen (Schema 26,(c)). Die prinzipiell auch erlaubte $[4_a + 2_a]$-Cycloaddition ver-

Schema 24

Stereochemie elektrocyclischer Reaktionen

Stereochemische Alternativen

Ringschluß	Prozeß	Ringspaltung

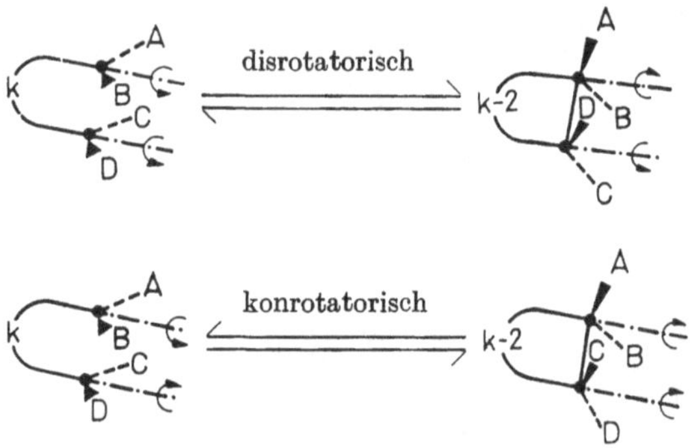

WOODWARD-HOFFMANN-*Regel*

	Aktivierung	
k	thermisch	photochemisch
4q	konrotatorisch	disrotatorisch
4q + 2	disrotatorisch	konrotatorisch

q = 0, 1, 2, 3, ...

langt eine so starke Verdrillung beider Partnersysteme im AK daß sie als Alternative nicht in Frage kommt. Das entsprechende Produkt müßte sowohl für die OAc- als auch für die Kohlensäureestergruppen eine trans-Konfiguration ergeben (Schema 26, (d)).

Damit wird schon auf die Bedeutung sekundärer Effekte bei der Ausbildung der erlaubten AK hingewiesen. Daß bei dem experimentell erhaltenen Produkt alle Sauerstoffsubstituenten auf einer Seite des Cyclohexenringes liegen, weist darauf hin, daß im AK von den zwei alternativen relativen Anordnungen von Dienophil und Dien zueinander (Schema 26, (a) und (b)) nur jene realisiert wurde, bei der die Carbonatgruppierung mit dem π-System des Diens in Wechselwirkung treten kann („endo-Addition"). Hier be-

Schema 25

Stereochemie von Cycloadditionen

Stereochemische Alternativen

Angriff auf m-System/n-System	Prozeß	relative Konfiguration von W,X/Y,Z
suprafacial/suprafacial	$[m_s + n_s]$	cis/cis

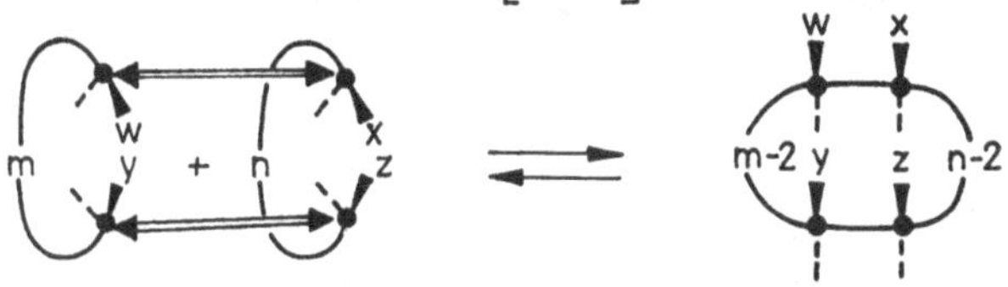

Angriff auf m-System/n-System	Prozeß	relative Konfiguration von W,X/Y,Z
antarafacial/suprafacial	$[m_a + n_s]$	cis/trans

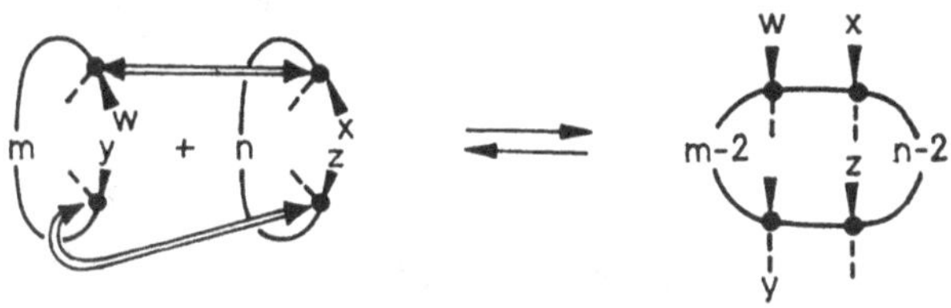

Angriff auf m-System/n-System	Prozeß	relative Konfiguration von W,X/Y,Z
antarafacial/antarafacial	$[m_a + n_a]$	trans/trans

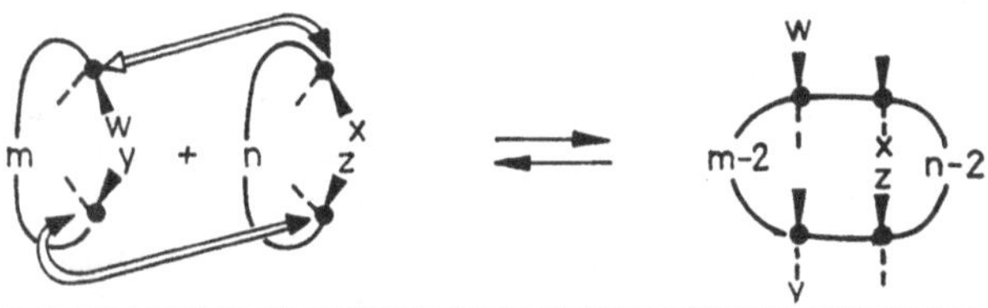

WOODWARD-HOFFMANN-*Regel*

m + n	Aktivierung thermisch	Aktivierung photochemisch
4q	$[m_s + n_a]$ $[m_a + n_s]$	$[m_s + n_s]$ $[m_a + n_a]$
4q + 2	$[m_s + n_s]$ $[m_a + n_a]$	$[m_s + n_a]$ $[m_a + n_s]$

q = 1, 2, 3, ...

Schema 26

Alternative AK bei einer [4 + 2]-Cycloaddition

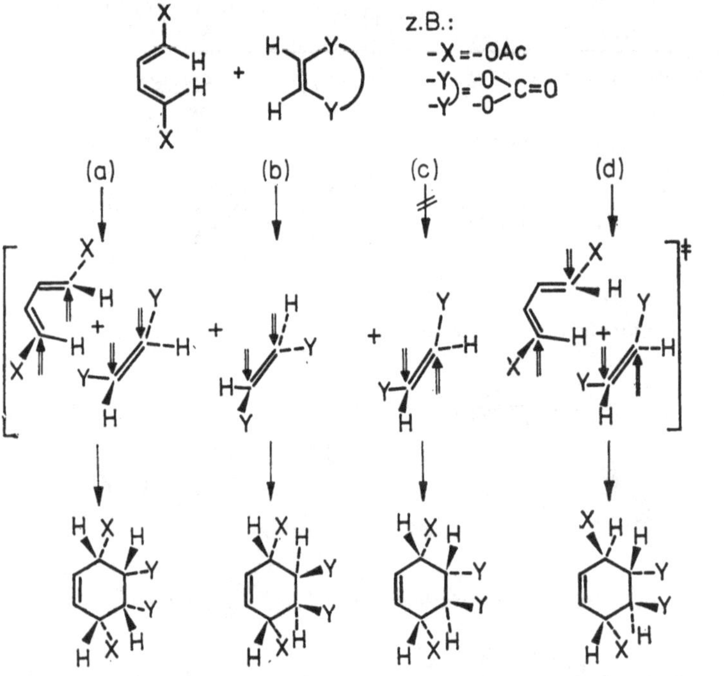

Verlauf	$[4_s + 2_s]$ „endo“	$[4_s + 2_s]$ „exo“	$[4_s + 2_a]$ „endo“	$[4_a + 2_a]$ „endo“
X/X	cis	cis	cis	trans
Y/Y	cis	cis	trans	trans
X/Y	cis/cis	trans/trans	cis/trans	trans/trans
	erlaubt und exp. gefunden	erlaubt	nicht erlaubt	erlaubt

wirkt ein sekundärer Orbitaleffekt (s. Abschn. 3.2.) die selektive Auswahl zwischen den durch die Woodward-Hoffmann-Regel erlaubten Alternativen.

Da bei *sigmatropen Umlagerungen* (Schema 22) im AK zwei π-Systeme jeweils suprafacial bzw. antarafacial miteinander in

Schema 27

Stereochemie sigmatroper Umlagerungen

Stereochemische Alternativen

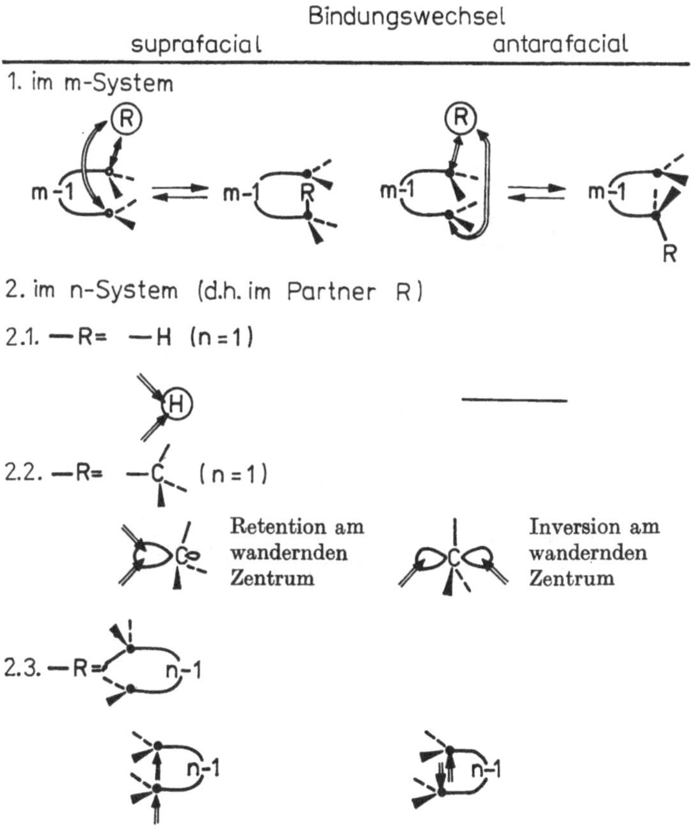

Woodward-Hoffmann-*Regel*

m + n	Aktivierung	
	thermisch	photochemisch
4q	antara, supra supra, antara	supra, supra antara, antara
4q + 2	supra, supra antara, antara	antara, supra supra, antara

Schema 28

Alternative AK bei einer [3,3]-sigmatropen Umlagerung

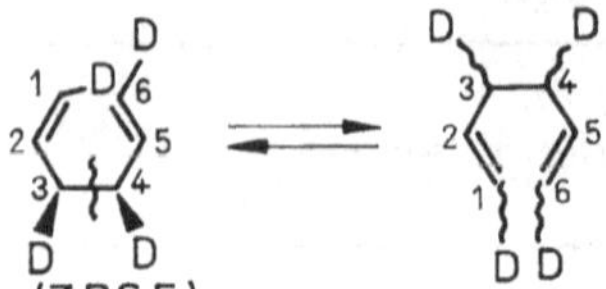

(Z,R,S,E)

Prozeß	AK	Produkt	Bindungsspaltung/-knüpfung
$[3_s,3_s]$	sesselförmig 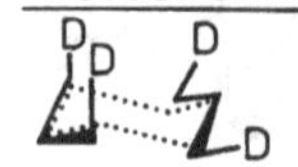	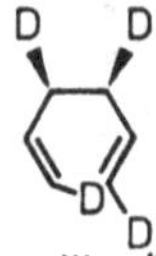 (Z,S,R,E)	konrotatorisch / konrotatorisch
(a)	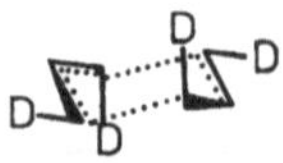	≡  (E,R,S,Z)	-"-
	wannenförmig 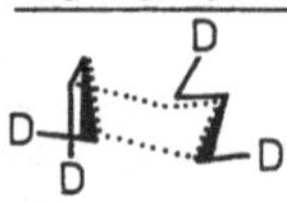	 (E,R,R,E)	disrotatorisch/ disrotatorisch
(b)	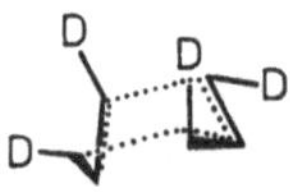	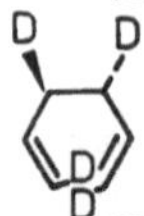 (Z,S,S,Z)	-"-
$[3_a,3_s]$ (c)	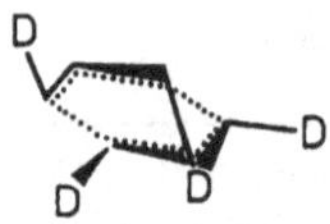	 (E,S,R,E)	disrotatorisch/ konrotatorisch
	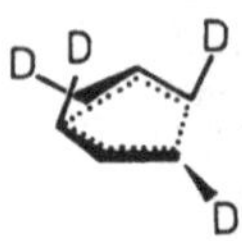	≡ 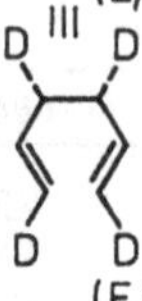 (E,R,S,E)	-"-

Wechselwirkung treten können, ergeben sich zu den Cycloadditionen analoge stereochemische Alternativen und Regeln (Schema 27). Bei ausreichend definierter Stereochemie des Ausgangsstoffes sollte danach die experimentelle Prüfung des Charakters des Bindungswechsels möglich sein.

In Schema 28 sind die Beziehungen zwischen Edukt- und Produktstruktur für den Fall einer $[3_s,3_s]$- und der alternativen $[3_a,3_s]$-Umlagerung am Beispiel eines tetradeuterierten Hexa-1,5-diens dargestellt. Für den $[3_s,3_s]$-Prozeß lassen sich verschiedene aktivierte Komplexe konstruieren, von denen die Sessel- und die Wannenform angegeben sind. Der Weg über den sesselförmigen AK entspricht einer gleichzeitigen konrotatorischen Bindungsspaltung und konrotatorischen Bindungsknüpfung und führt zum Enantiomeren des Eduktes. Das Ergebnis der Gleichgewichtseinstellung ist die Racemform. Beim Weg über den wannenförmigen AK erfolgen Bindungsspaltung und -knüpfung disrotatorisch. Beim $[3_a,3_s]$-Prozeß erfolgen die Bindungsspaltung dis- und die Bindungsknüpfung konrotatorisch, das Produkt ist diastereomer zu den Produkten aus dem $[3_s,3_s]$-Prozeß. Das experimentelle Beispiel des trans-Bicyclo[8.4.0]tetradeca-2E,8E-diens (Schema 23, (3a)) zeigt, daß die [3,3]-sigmatrope Umlagerung zu einer Racemisierung führt, wie sie für einen $[3_s,3_s]$-Prozeß über einen sesselförmigen AK mit konrotatorischer Bindungsöffnung und -knüpfung zu erwarten ist. Der $[3_s,3_s]$-Prozeß ist in Übereinstimmung mit der Erwartung nach den WOODWARD-HOFFMANN-Regeln. Gleichzeitig zeigt dieses Beispiel, wie detailliert die Aussagen über die Struktur des AK sein können, wenn eine gründliche stereochemische Analyse vorgenommen wird.

Ebenfalls sechs bewegliche Elektronen sind für die [1,5]-Wanderung von Wasserstoffatomen charakteristisch. Wie das Beispiel 3b in Schema 23 zeigt, wird auch hier in Übereinstimmung mit den WOODWARD-HOFFMANN-Regeln eine $[1_s,5_s]$-Stereochemie realisiert.

Für *Gruppenübertragungen* und *cheletrope Reaktionen* (Schema 22) wurden von WOODWARD und HOFFMANN ebenfalls entsprechende Regeln für die Stereochemie der „erlaubten" Reaktionen aufgestellt.

Zusammenfassend soll hervorgehoben werden:

a) Der konzertierte Ablauf pericyclischer Reaktionen führt zu Produkten, die mit den WOODWARD-HOFFMANN-Regeln vorhersagbar sind.

Werden bei einer Reaktion Produkte entsprechend den WOODWARD-HOFFMANN-Regeln beobachtet, dann wird daraus auf einen konzertierten Ablauf geschlossen. Dieser Schluß wird allerdings dann nicht zwingend sein, wenn mögliche zwitterionische oder diradikalische Zwischenstufen so kurzlebig sind, daß bei deren Weiterreaktion keine alternativen Angriffsrichtungen realisiert werden (s. z. B. [18]).

b) Die Produktverhältnisse und Reaktionsgeschwindigkeiten konzertierter pericyclischer Reaktionen können durch sekundäre Effekte modifiziert werden.

So gibt es kaum Beispiele für die thermisch „erlaubte" $[2_s + 2_a]$-Cycloaddition sterisch nicht beanspruchter Olefine, weil der antarafaciale Angriff auf den einen Partner ohne Verdrillung der Doppelbindungen nicht möglich ist.

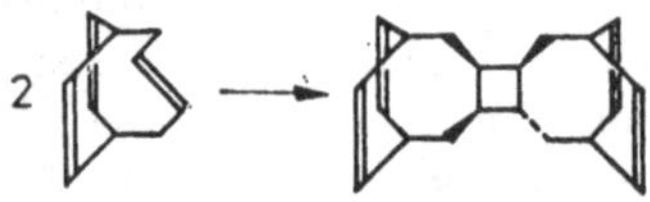

(6)

Wenn dagegen die Doppelbindungen durch Einbau in ein stark gespanntes bicyclisches System von vornherein verdrillt sind, dann kann die $[2_s + 2_a]$-Cycloaddition erleichtert werden, wie das Beispiel der spontanen Dimerisierung in Gl. (6) zeigt.

2.7. *Sterische Bedingungen für den Ablauf von Reaktionen*

Damit Reaktionen zwischen zwei Partnern ablaufen können, müssen sich die Reaktionszentren so weit annähern, daß die elektronischen Umgruppierungen möglich werden. Das wird immer dann der Fall sein, wenn sich die Reaktionszentren an der Peripherie der Partnermoleküle befinden bzw. die Reaktionszentren nicht durch voluminöse Substituenten abgeschirmt werden. So bildet sich zwischen dem starken Elektronenpaarakzeptor BF_3 und dem Elektronenpaardonator Pyridin dann nicht der erwartete Komplex aus, wenn der Pyridinring in 2- und 6-Stellung jeweils eine tert-Butylgruppe trägt. Diese großvolumigen Substituenten verhindern die ausreichende Annäherung der beiden Reaktionszentren.

Schema 29 zeigt, daß ein Abstand N···B von 0,4 nm nur schwer unterschritten werden kann, während die kovalente B—N-Bindungslänge bei etwa 0,16 nm liegt. In diesem Beispiel wird die Reaktion

Schema 29

Abschirmung des N-Atoms im 2,6-Di-tert-butyl-pyridin

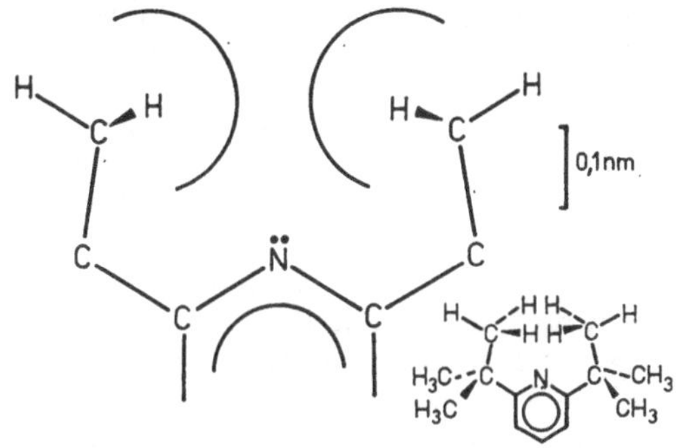

kinetisch unterdrückt, weil es nicht möglich ist, die Abschirmung des N-Atoms durch die tert-Butylgruppen zu überwinden und damit für den AK eine endliche freie Aktivierungsenthalpie zu erreichen. Die Reaktion sollte aber auch thermodynamisch ungünstig sein, weil die Spannungen, die die Ausbildung des AK verhindern, in dem anzunehmenden Produkt verstärkt wirksam werden (Fall (a) in Schema 30).

Eine andere Situation liegt beim zweiten Beispiel vor (Fall (b) in Schema 30). Sowohl Edukt als auch Produkt sind thermodynamisch stabil und auf unabhängigen Wegen darstellbar. Auch die Substitution des Halogens am Brückenkopf-C des Bicyclo-

Schema 30

Beispiele für sterisch unterdrückte Reaktionen

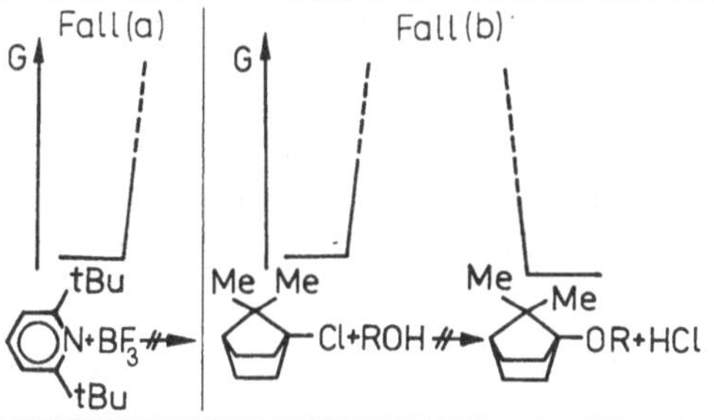

[2.2.1]heptansystems durch eine Alkoxygruppe ist thermodynamisch möglich, denn Produkt und Edukt unterscheiden sich kaum in ihren sterischen und elektronischen Eigenschaften. Unter den gegebenen Bedingungen (in Ethanol mit $AgNO_3$) läuft die Reaktion trotzdem nicht ab, weil sie kinetisch unterdrückt wird. Sie müßte über ein Carbeniumion als ZS ablaufen, für das eine planare Anordnung der restlichen drei Bindungen erforderlich ist. Diese Konfiguration ist aber für das Brückenkopf-C wegen der hohen Ringspannung (s. Abschn. 3.8.) sterisch nicht möglich. Damit wird für das Erreichen der Zwischenstufe von der Edukt- und natürlich auch von der Produktseite eine zu hohe Aktivierungsbarriere aufgebaut, die die Reaktion verhindert.

Verallgemeinert ergeben sich als sterische Voraussetzungen für mögliche chemische Umsetzungen:

a) Die Reaktionszentren der Partner müssen sich soweit nähern können, daß die elektronischen Umgruppierungen einsetzen.
b) Im Reaktionsablauf auftretende aktivierte Komplexe und reaktive Zwischenstufen müssen sterisch zugänglich sein.

Die Unterdrückung von Reaktionen durch sterische Einflüsse ist gleichbedeutend mit einer *kinetischen Stabilisierung* des Substrates. In diesem Sinn können sterische Effekte genutzt werden, um normalerweise instabile, d. h. reaktive Moleküle, synthetisch zugänglich zu machen. So kann z. B. das Thioketen **1** als stabile Verbindung erhalten werden, weil durch die beiden tert-Butylgruppen in 2- und 6-Position die Thioketeneinheit räumlich abgeschirmt wird, weshalb die sonst spontan ablaufende Dimerisierung ausbleibt.

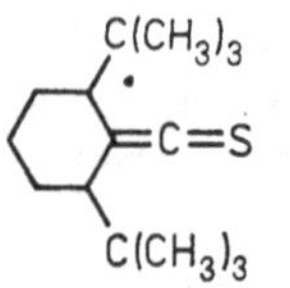

1

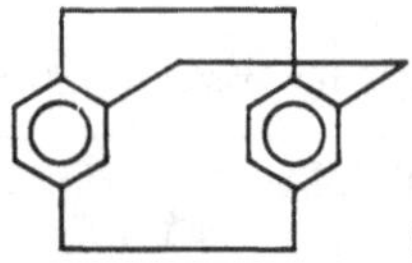
2

Eine Anhäufung der sperrigen tert-Butylgruppen kann auch dazu führen, daß der Molekülrumpf so stark verzerrt wird, daß normalerweise instabile Strukturen stabilisiert werden. Die Addition von Acetylendicarbonsäuredimethylester an Tetra-tert-butylcyclobutadien führt zu einem Produkt mit der Struktur eines Dewar-Benzens, das sich thermisch über eine „normale" Benzenstruktur in das isomere Dewar-Benzen umlagert (Gl. (7)), was einer *Stabilitätsumkehr* im System Benzen—Dewar-Benzen entspricht.

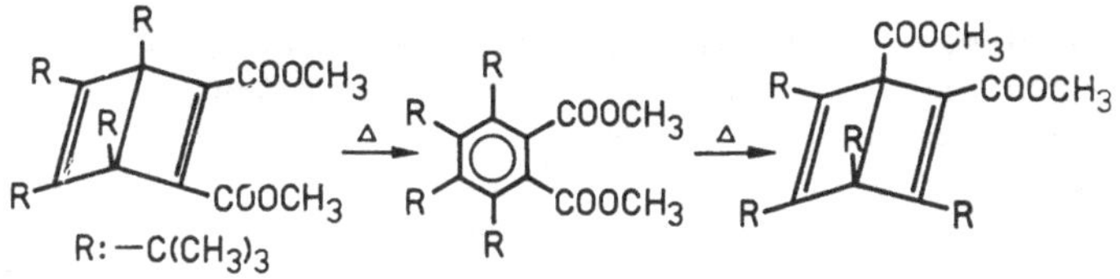

(7)

Die Veränderung der elektronischen Situation in einem Molekül durch die sterisch bedingte Spannungserhöhung kann zu *Reaktionen* führen, die ohne diese Spannung nicht ablaufen. Während Tetracyanoethylen mit Benzen lediglich einen EDA-Komplex bildet, reagiert es mit dem deformierten Benzen als Baustein in dem Cyclophan 2 im Sinn einer Diels-Alder-Reaktion.

Gestatten die stereochemischen Gegebenheiten eine chemische Reaktion, dann kann auf die eingangs gestellte Frage nach dem Zusammenhang zwischen Edukt- und Produktstruktur folgende zusammenfassende Antwort gegeben werden (Schema 31):

a) Die Produktstruktur hängt bei synchronen Prozessen von den stereoelektronischen Gegebenheiten der aktivierten Komplexe ab, während bei asynchronen Mechanismen die reaktiven Zwischenstufen meist alternative Wege der Weiterreaktion zu stereochemisch unterschiedlichen Produkten eröffnen.

b) Beim Übergang eines trigonal-ebenen C-Atoms (z. B. $>C^{\oplus}$, $>C=$) in ein tetraedrisches durch Angriff eines Agens können Enantiomere entstehen, die wegen der prinzipiellen Gleichberechtigung beider Angriffsseiten als Racemform auftreten.

c) Während in verbrückten Zwischenstufen eine Angriffsseite abgeschirmt ist und damit das Produkt bevorzugt wird, das durch Angriff von der Gegenseite entsteht, ist bei Reaktionen über klassische ionische Zwischenstufen immer mit der Bildung eines Isomerengemisches zu rechnen.

d) Bei der Umwandlung von C—C, C=C und C≡C ineinander durch Additionen und Eliminierungen können Diastereomere bzw. geometrische Isomere gebildet oder zerstört werden.

e) Welches der prinzipiell möglichen stereochemisch unterschiedlichen Produkte einer Reaktion tatsächlich bevorzugt wird, hängt dabei sehr stark von der Struktur der Reaktanden (innere Faktoren) und den Reaktionsbedingungen (äußere Faktoren) ab, wobei dem Lösungsmittel eine entscheidende Rolle zukommt.

Die in diesem Abschnitt behandelten Zusammenhänge zwischen der Stereochemie und den Mechanismen der Reaktionen können, wie schon angedeutet, genutzt werden, um durch die Analyse der Produktstrukturen bei bekannten Eduktstrukturen Rückschlüsse auf die zugrundeliegenden Mechanismen zu ziehen. Diese Verfahrensweise wird in der Literatur als *stereochemische Methode zur Aufklärung von Reaktionsmechanismen* bezeichnet [19].

Schema 31

Stereochemie der Produkte in Abhängigkeit von der Substratstruktur und vom Mechanismus

Vorgang	mögliche Produkte
$sp^2 \longrightarrow sp^3$	optische Isomere
$sp^2{=}sp^2 \longrightarrow sp^3{-}sp^3$	Diastereomere
$sp{\equiv}sp$, $sp^3{-}sp^3$ $\longrightarrow sp^2{=}sp^2$	geometrische Isomere
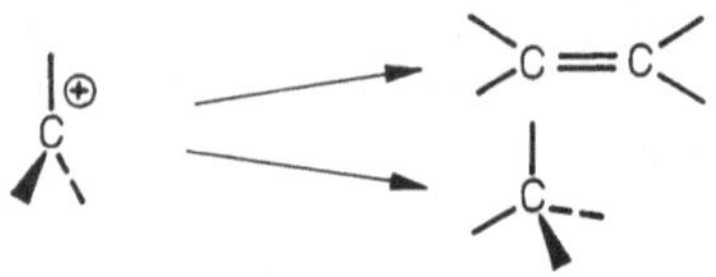	beide Stereoisomere
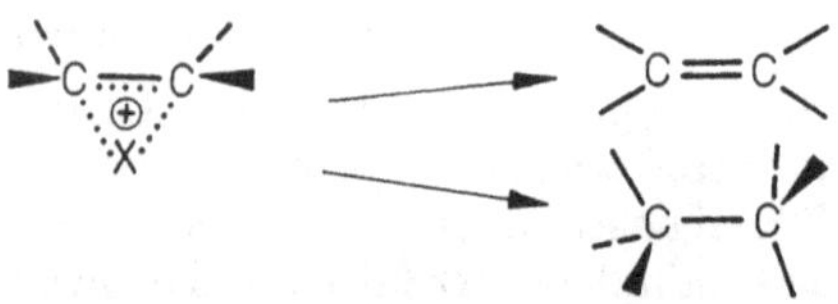	nur ein Stereoisomeres

3. Beeinflussung der Reaktionen durch sterische Effekte

3.1. Klassifizierung

Beim Vergleich verschiedener Reaktionen lassen sich die Unterschiede in der Reaktivität leichter diskutieren, wenn diese auf Struktureffekte am Reaktionszentrum (*RZ*) zurückgeführt werden können, die jeweils eine elektronische und eine sterische Komponente besitzen. Die sterische Komponente ist verknüpft mit der geometrischen Gestalt und der Raumerfüllung der Reaktionspartner, sowie den Veränderungen, die diese im Ablauf der Reaktion erfahren. Damit wird die Frage nach der Beeinflussung von Geschwindigkeit, Gleichgewichtslage bzw. Produktverteilung durch Variation in der Geometrie des RZ und der Gestalt der Substituenten am RZ zu einem wichtigen Gegenstand der „Stereochemie der Reaktionen" [20].

Eine erste Klassifizierung der sterischen Effekte ergibt sich aus der Suche nach Beispielen für das ausschließliche Wirken sterischer Bedingungen. Da jeder Reaktionsablauf zwangsläufig Elektronenumgruppierungen und damit verbunden geometrische Veränderungen am RZ enthält, müssen sich auf diese Veränderungen auch die räumlichen Bedingungen auswirken. Sie wirken aber nur, weil die Veränderungen in der Elektronenstruktur ablaufen. Um diesen Zusammenhang zu betonen, könnten diese sterischen Effekte als *stereoelektronische Effekte* im weitesten Sinn bezeichnet werden.

Rein sterische Effekte dürften sich danach auf dem Weg von den Edukten zu den Produkten nur aus der Struktur der Edukte direkt (*Reaktivität von Isomeren*) bzw. bei Beginn der bimolekularen Wechselwirkung zweier Reaktionspartner ergeben, wenn Substituenten die Reaktionszentren abschirmen (*Volumeneffekt*) oder die intramolekulare Annäherung zweier RZ durch die Molekülstruktur beeinflußt wird (*intramolekulare Reaktivität*).

Alle weiteren sterischen Effekte hängen mit der Leichtigkeit der Bildung der entsprechenden aktivierten Komplexe und damit mit der elektronischen Umgruppierung im Aktivierungsschritt zusammen.

Die Differenzierung und Bezeichnung sterischer Effekte ist zur Zeit immer noch wesentlich weniger definiert als bei den elektronischen Effekten. Die Beschreibung sterischer Einflüsse hat weitgehend qualitativ erklärenden Charakter, über Versuche zu ihrer Quantifizierung wird im Abschn. 5. berichtet.

Der Gliederung dieses Abschnittes liegen u. a. die folgenden Gesichtspunkte zugrunde: Die Gestalt von AK's wird durch stereoelektronische Gesichtspunkte bestimmt. Ihre Besprechung am Anfang sichert für die Diskussion der weiteren sterischen Effekte die Kenntnis der Bedingungen für die den Reaktionen zugrundeliegenden AK.

Die danach besprochenen sterischen Effekte beruhen auf der Wirkung der Raumerfüllung von Substituenten, zeigen aber von den reinen *Volumeneffekten* zur *Veränderung der Gruppenhäufung* eine zunehmende Kopplung mit elektronischen Effekten.

In *Ringsystemen* treten im Vergleich zu offenkettigen Verbindungen in Abhängigkeit von der Ringgröße verschiedene Arten von Ringspannungen auf. Außerdem zeigen sie gegenüber offenkettigen Verbindungen eine charakteristische Einschränkung der Beweglichkeit. Beides hat Auswirkungen auf die Reaktivität.

Die bisher besprochenen Effekte spiegeln sich natürlich auch in der *Reaktivität von Isomeren* wider.

3.2. *Stereoelektronische Effekte* [21]

Der Begriff „Stereoelektronische Effekte" wird in der Literatur für die verschiedensten Erscheinungen benutzt, ohne ihn eindeutig zu definieren. Am weitesten hat sich seine Verwendung im Zusammenhang mit der *stereoelektronischen Kontrolle von Reaktionen* durchgesetzt. Diese gründet sich auf den fast trivial erscheinenden Grundsatz:

> *Reaktionen verlaufen bevorzugt über einen aktivierten Komplex, der die größtmögliche Orbitalüberlappung gestattet* (Prinzip der maximalen Überlappung).

Bei hoher Orbitalüberlappung wird der Elektronenaustausch zwischen den Reaktionspartnern erleichtert und die Energie des AK, der als Supermolekül aus den Partnern betrachtet werden kann, erniedrigt. Damit wird zweierlei verständlich:

a) Die stereoelektronische Kontrolle wird entscheidend für *konzertierte Reaktionen* bzw. Reaktionsschritte sein, bei denen durch kontinuierlichen Orbitalumbau aus den Edukten die Produktstruktur entsteht.
b) Da Orbitale (AO's und auch MO's) Vorzugsrichtungen und bestimmte Symmetrien besitzen, wird das Prinzip der maximalen Überlappung zu sterisch festgelegten AK und damit zu sterisch einheitlichen Produkten führen.

Daß für den Ablauf konzertierter Reaktionen die direkte Wechselwirkung zwischen den Partnern unumgänglich ist, zeigt das Beispiel in Schema 32. Nur das cis-1,2-Divinyl-cyclobutan führt in einer synchronen *sigmatropen Reaktion* (Cope-Umlagerung) zu einem sterisch einheitlichen Produkt, weil die beiden Vinylgruppen, die an der Elektronenumgruppierung beteiligt sind, unmittelbar in Wechselwirkung treten und einen gemeinsamen AK bilden können. Diese direkte Wechselwirkung ist im trans-1,2-Divinylcyclobutan nicht möglich, weshalb eine Weiterreaktion nur unter energischeren Bedingungen über eine Diradikalzwischenstufe einsetzen kann, die dann natürlich zu einem Produktgemisch führt.

Schema 32

Reaktionen von cis- und trans-1,2-Divinyl-cyclobutan

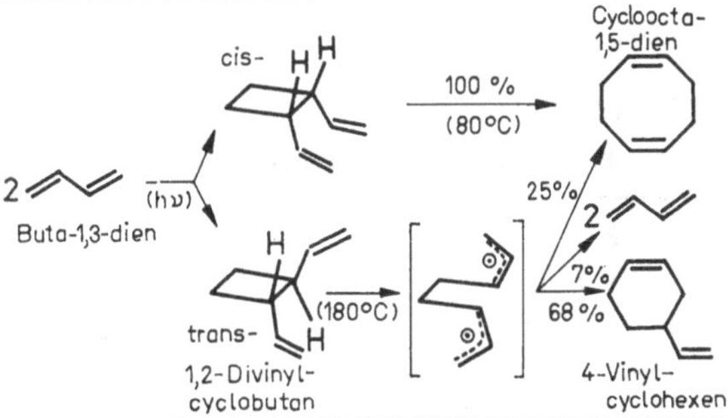

Der konzertierte Reaktionsablauf bedeutet, daß im AK alle im Reaktionsschritt umgruppierten Bindungen — die zu spaltenden und die zu bildenden — ein gemeinsames, delokalisiertes Bindungssystem bilden, dessen Eigenschaften und damit auch sterischen Bedingungen aus quantenchemischen Betrachtungen ableitbar sein sollten.

Als besonders geeignet zur Deutung der sterischen Konsequenzen der Orbitalkontrolle in konzertierten Reaktionen haben sich zwei Konzepte erwiesen: das *Grenzorbitalkonzept* von FUKUI [22] und das *Aromatizitätskonzept* von EVANS [23]. Das letztere ist speziell für pericyclische Reaktionen (s. Abschn. 2.6.) von großem Nutzen.

Das Grenzorbitalkonzept geht davon aus, daß die entscheidenden Beiträge zu den Elektronenaustauschwechselwirkungen zwischen zwei molekularen Systemen aus der Wechselwirkung ihrer Grenzorbitale resultieren. Als Grenzorbitale (frontier orbitals, FO) werden jeweils das höchste besetzte MO (highest occupied molecular orbital, HOMO) und das niedrigste unbesetzte MO (lowest unoccupied bzw. vacant molecular orbital, LUMO bzw. LVMO) eines Moleküls bezeichnet (Schema 33). Sie stellen die „Valenz"-MO des Moleküls dar, was verständlich ist, wenn man berücksichtigt, daß jeder Partner seine Elektronen aus dem HOMO am leichtesten zur Verfügung stellt und Elektronen am energiegünstigsten in das LUMO aufnehmen kann.

Die Stärke der Wechselwirkung zwischen jeweils dem HOMO des einen und dem LUMO des anderen Partners M und N in Schema 33 hängt von der Energiedifferenz zwischen beiden Grenzorbitalen und davon ab, daß möglichst große Orbitallappen von beiden Grenzorbitalen mit gleichem Vorzeichen überlappen. Die Verhältnisse vereinfachen sich dadurch schon, wenn der eine Partner als Elektronenpaarakzeptor (A) gegenüber dem anderen, der dann als Elektronenpaardonator (D) auftritt, wirkt. In diesem Falle liegen das LUMO des Akzeptors und das HOMO des Donators energetisch nahe beieinander und bestimmen die Wechselwirkung zwischen den Partnern (Schema 33).

Schema 33

MO-Schemata für die Wechselwirkung zweier Moleküle

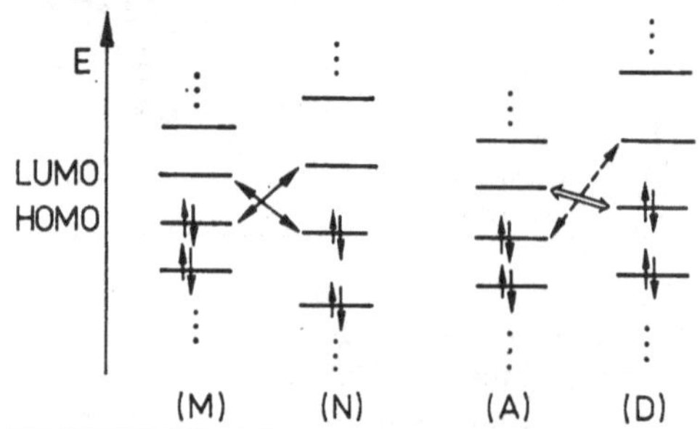

Das Aromatizitätskonzept kann in den Satz gefaßt werden:

Thermische pericyclische Reaktionen verlaufen bevorzugt über aromatisch stabilisierte AK.

Ein Bindungssystem kann dann als *aromatisch* bezeichnet werden, wenn es cyclisch delokalisiert und stabiler als ein entsprechendes offenkettiges Bindungssystem ist. So ist das π-System des Benzens mit 6 π-Elektronen thermodynamisch stabiler als das entsprechende π-System des Hexa-1,3,5-triens mit ebenfalls 6 π-Elektronen. Deshalb liegt im Benzen ein aromatisches Bindungssystem vor. Andererseits ist das Cyclobuta-1,3-dien *antiaromatisch,* weil das π-System des offenkettigen Buta-1,3-diens stabiler als das π-System der cyclischen Verbindung mit gleicher π-Elektronenzahl ist. Allgemein gilt für cyclisch-konjugierte Elektronensysteme ohne bzw. mit einer geraden Zahl von Phasensprüngen bei der Überlappung der beteiligten Atomorbitale die HÜCKEL*sche* *(4n + 2)-Regel* (Schema 34). Für cyclisch-konjugierte Elektronensysteme, in denen ein Paar benachbarter Atomorbitale mit entgegengesetztem Vorzeichen überlappen muß (Phasensprung), kehren sich die Regeln für den aromatischen bzw. antiaromatischen Charakter um. Solche Systeme werden in Analogie zum Möbius-Band als Möbius-*Systeme* bezeichnet (Schema 34).

Schema 34

Aromatischer Charakter von Hückel- und Möbius-Systemen

Hückel-Systeme (keine oder geringe Zahl von Phasensprüngen	Möbius-, anti-Hückel-Systeme (ungerade Zahl von Phasensprüngen)

System	Anzahl der cyclisch-delokalisierten Elektronen	
	$4n + 2$	$4n$
Hückel	+	–
Möbius	–	+

+ aromatisch
– antiaromatisch

$n = 0, 1, 2, , , ,$

Der einfachste Fall stereoelektronischer Kontrolle liegt bei den *Substitutionsreaktionen* vor (s. Abschn. 2.1.), wo bei nukleophilem Ablauf Inversion und bei elektrophilem Retention bevorzugt ist. Die Deutung kann mit Hilfe des Grenzorbitalkonzeptes erfolgen.

Bei bimolekularen nukleophilen Substitutionen an aliphatischen Verbindungen wirkt das Substrat >C—X als Akzeptor gegenüber dem Nukleophil $Y^{\ominus}$. Das Nukleophil tritt deshalb mit dem LUMO der lokalisierten Bindung C—X, das als antibindendes MO seine Maxima außerhalb der Bindung hat, in Wechselwirkung (Schema 35). Der Donator $Y^{\ominus}$ erreicht eine maximale Überlappung im AK nur dann, wenn er von der Rückseite der C—X-Bindung angreift und damit eine Inversion der Konfiguration verursacht.

Bei bimolekularen elektrophilen Substitutionen an aliphatischen Verbindungen wirkt das Substrat >C—Mt dagegen als Donator gegenüber dem angreifenden Elektrophil $Mt^{\oplus}$. Eine maximale Überlappung zwischen dem Donator-HOMO und dem Elektrophil wird im AK dann erreicht, wenn das Elektrophil die Bindung C—Mt direkt angreift, weil das bindende MO zwischen den Bindungspartnern C und Mt sein Maximum hat (Schema 35). Das bedeutet aber, daß das Produkt unter Konfigurationserhalt (Retention) am C gebildet wird.

Schema 35

Deutung der Stereochemie von S_N2- und S_E2-Reaktionen

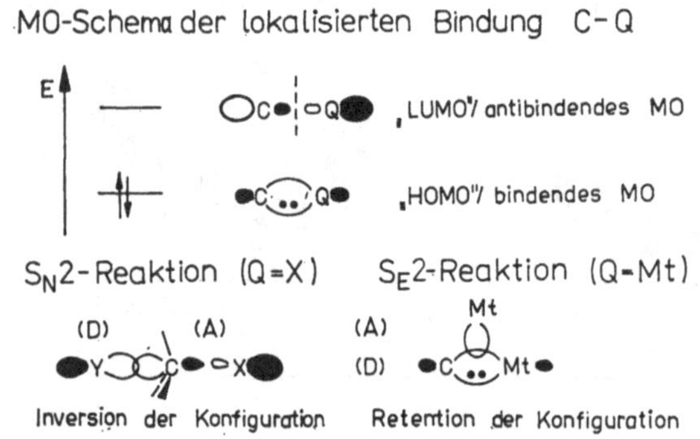

Bei der konzertierten *1,2-Eliminierung* (E2, s. Abschn. 2.3.) werden gleichzeitig zwei σ-Bindungen gespalten und eine π-Bindung gebildet (Schema 36). Dabei fließt Elektronendichte aus der C—H- über die C—C- in die C—X-Bindung, weshalb die C—H- als Donator und die C—X-Bindung als Akzeptor klassifiziert werden können. Nur bei anti- und synperiplanarer Anordnung dieser beiden Bindungen können die beiden Grenzorbitale $HOMO_{CH}$ und $LUMO_{CX}$ im Bereich der C—C-Bindung miteinander wechselwirken, wobei die Überlappungssituation für die sich bildende π-Bindung im Falle der antiperiplanaren Anordnung günstiger ist. Der antiperiplanare AK ist auch deshalb energetisch bevorzugt, weil in ihm alle Gruppen an der C—C-Bindung auf Lücke stehen. Damit ist die entsprechende Konfiguration des gebildeten Olefins vorgegeben.

Die Leichtigkeit des Elektronenflusses über mehrere Bindungen, wenn diese antiperiplanar zueinander angeordnet sind, kann an vielen Beispielen belegt werden und führt in geeigneten Fällen zu unerwarteten Reaktionsrichtungen. So wird im folgenden Beispiel (Gl. (8)) durch Basen nicht das acide Ring-Wasserstoffatom ab-

Schema 36
Deutung der Stereochemie der E2-Reaktionen

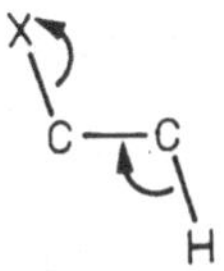

Bindung	Charakter	entscheidendes Grenzorbital
C—H	Donator	„HOMO“
C—X	Akzeptor	„LUMO“

Orbitalwechselwirkungen im AK

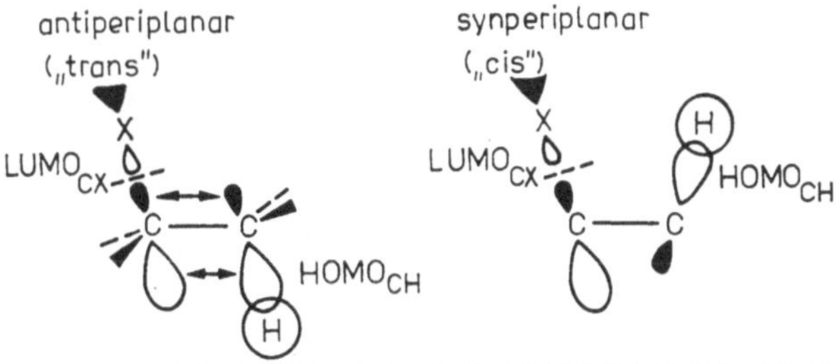

gespalten, sondern die C—H-Bindung, die sich antiperiplanar zu der als Akzeptor wirkenden N—O-Bindung einstellen kann, gespalten:

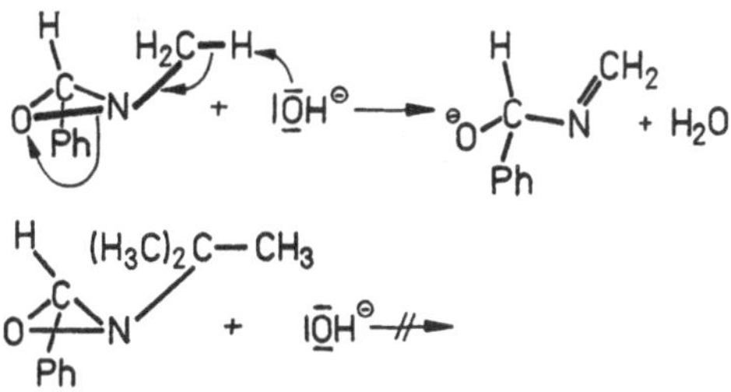

(8)

Im N-tert-Butyl-Derivat des Oxaziridins steht ein entsprechendes Proton nicht zur Verfügung, weshalb das Molekül durch Basen nur schwer angegriffen wird.

Der stereoelektronisch erleichterte Elektronenfluß im delokalisierten AK kann sich auch über mehrere antiperiplanare Orbitalanordnungen fortsetzen, wie das Beispiel im Schema 37 zeigt.

Das endo-Derivat des Azabicyclus reagiert sehr viel schneller als das exo-Derivat und ergibt quantitativ nur ein Produkt, was für einen konzertierten Ablauf spricht. Der entsprechende AK zeigt antiperiplanare Anordnungen für die $C_{(3)}$—O-, die $C_{(1)}$—$C_{(2)}$-.

Bindung und das freie Elektronenpaar am Stickstoff gleichzeitig. Damit kann sich ein alle Elektronenpaare erfassender delokalisierter AK ausbilden, in dem die Abspaltung des Tosylatanions $OTs^{\ominus}$ durch die Mitwirkung des freien Elektronenpaares am Stickstoff als Donator erleichtert wird, was die ausschließliche und sehr schnelle Bildung des einen Produktes begründet. Im exo-Produkt entfällt dieser *frangomere Effekt* (Grob [24]) und die Solvolyse verläuft deshalb über eine ionische Zwischenstufe mit Produktvielfalt als Konsequenz.

Schema 37

Solvolyse von 1-Aza-bicyclo[3.3.1]-nonyl-4-p-toluolsulfonaten

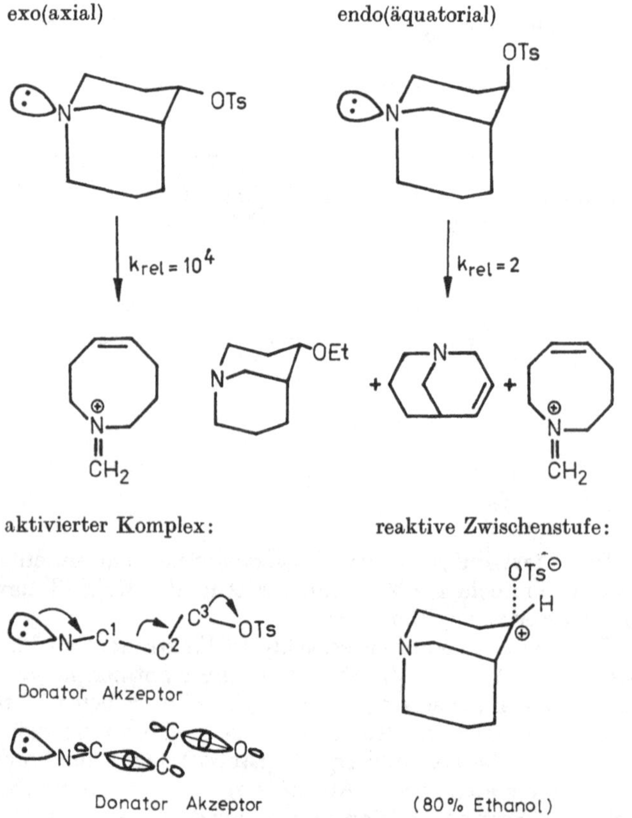

Die bisherige Darstellung bezog sich auf Reaktionen, bei denen die delokalisierten AK nicht cyclisch waren. Das Grenzorbitalkonzept gab eine Begründung für bevorzugte Konfigurationen im AK, die sich folgerichtig auch in der Konfiguration der Produkte wiederfinden lassen. Für *pericyclische Reaktionen* ist bei konzertiertem Ablauf ein cyclisch-delokalisierter AK charakteristisch, zu dessen Deutung neben dem Aromatizitätskonzept ebenfalls das Grenzorbitalkonzept herangezogen werden kann.

Schema 38

Stereochemie von Diels-Alder-Reaktionen

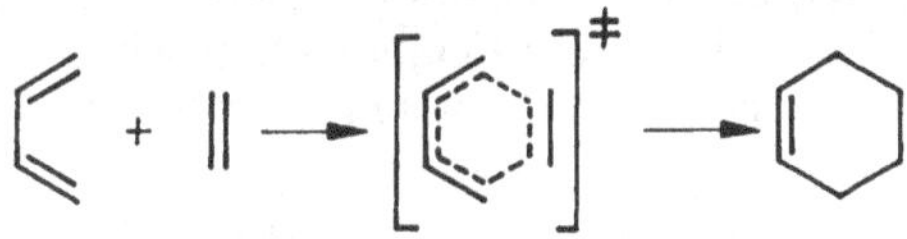

1. Dien reagiert aus s-cis-Konformation:

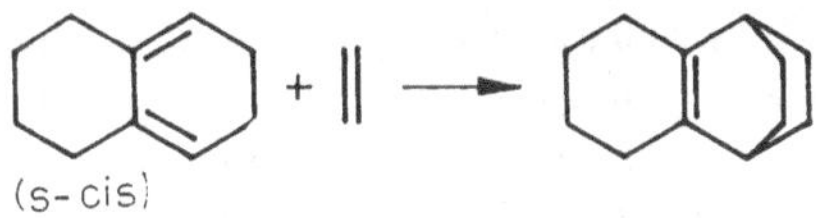

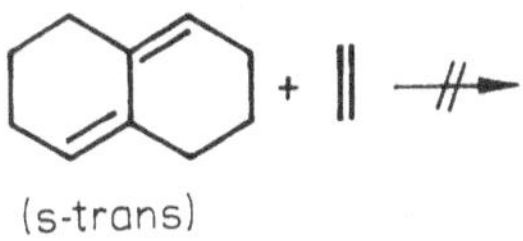

2. Addition erfolgt an beiden Partnern suprafacial:

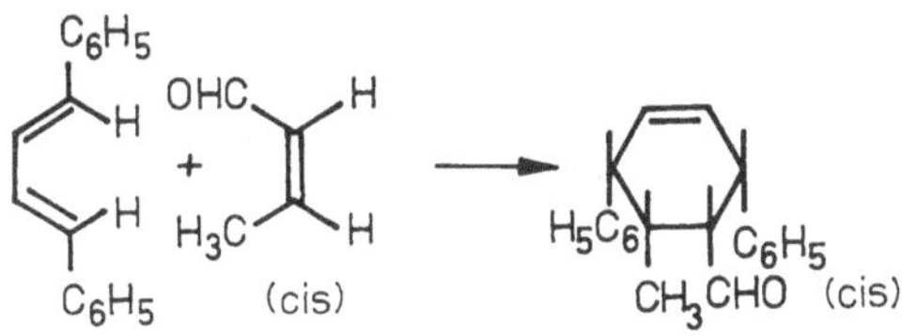

3. Bei cyclischen Dienen ist endo-Produkt bevorzugt:

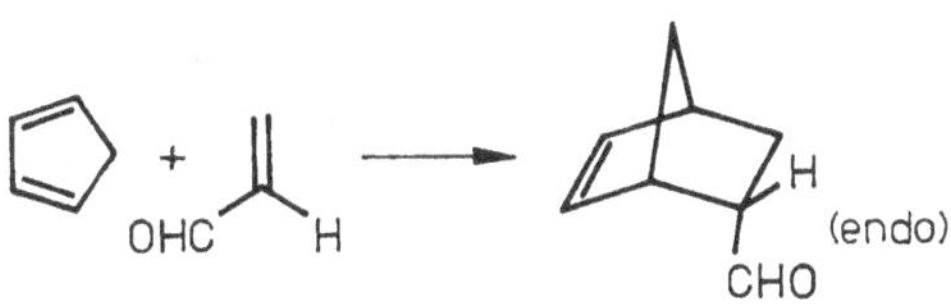

Dazu ein Beispiel: Die bekannteste Cycloaddition (s. Abschn. 2.6., Schema 23 und 25) ist die DIELS-ALDER-*Reaktion* zwischen einem 1,3-Dien und einem Olefin (Schema 38). Ihre Stereochemie zeigt einige Besonderheiten, die stereoelektronisch erklärt werden sollen:

a) Das Dien reagiert aus seiner s-cis-Konformation. Ist das Dien in der s-trans-Konformation fixiert, dann läuft die DIELS-ALDER-Reaktion nicht ab.
b) Die Addition des Olefins an das Dien und die des Diens an das Olefin erfolgt stereospezifisch cis. Das heißt, Olefin und Dien werden jeweils von der gleichen Seite der Molekülebene (suprafacial) angegriffen und Gruppen, die im Olefin trans angeordnet sind, bleiben das auch im resultierenden Sechsring.
c) Bei einem cyclischen Dien entsteht bevorzugt das endo-Additionsprodukt.

Alle drei Sachverhalte lassen sich mit Hilfe des *Grenzorbitalkonzepts* erklären:

a) Für die cyclische synchrone Bindungsumgruppierung in dem Sechsring-AK ist die gleichzeitige Überlappung der MO's von Dien und Olefin an ihren Endatomen erforderlich. Das ist nur in der s-cis-Konformation des Diens realisierbar.

Schema 39

MO-Schemata von Ethylen und Butadien in LCAO-Näherung

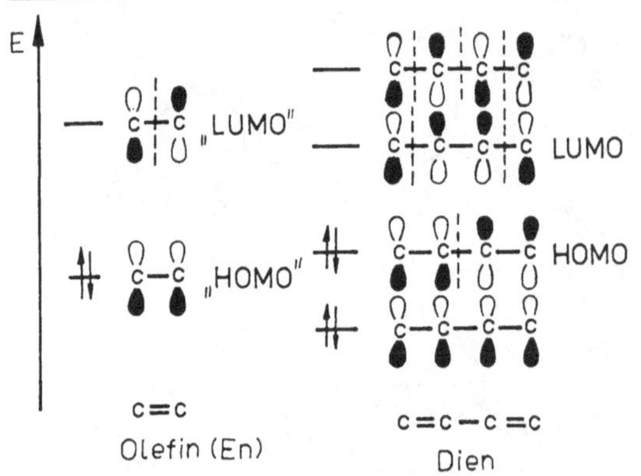

b) Keiner der beiden Partner kann von vornherein als Akzeptor oder Donator klassifiziert werden, deshalb muß ihre Wechselwirkung im AK als Wechselwirkung aller vier beteiligten Grenzorbitale beschrieben werden. Die MO-Schemata beider Partner sind im Schema 39 dargestellt.

Die Überlappung von $HOMO_{Dien}$ und $LUMO_{En}$ an den Endatomen beider Partner ist dann maximal, wenn die MO's dort mit gleichem Vorzeichen der Orbitallappen vorliegen. Das ist beim suprafacialen Angriff zwischen Dien und Olefin gegeben. Die gleiche Aussage ist aber auch bei der Wechselwirkung von $HOMO_{En}$ und $LUMO_{Dien}$ möglich, die MO's haben auch in diesem Fall bei suprafacialem Angriff die gleichen Vorzeichen an den Endatomen (Schema 40). Die Analyse der Überlappungssituation der Grenzorbitale gestattet also die Aussage, daß $[4_s + 2_s]$-Cycloadditionen thermisch „erlaubt“ sind (s = suprafacial).

c) Die Doppelbindung des Dienophils Z—CH=CH—Z′ ist Teil eines ausgedehnteren Konjugationssystems, wenn Z,Z′ = —CH=CH_2, —COR, —COOR usw. ist. Dann treten die Grenzorbitale des gesamten π-Systems am Ort der Doppelbindung des Dienophils mit den Grenzorbitalen des Diens in Wechselwirkung.

Für das Beispiel der Reaktionen zwischen Cyclopentadien (Dien) und Butadien (Dienophil) nach Gl. (9)

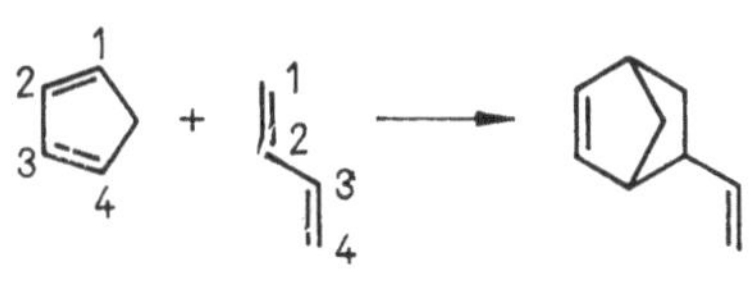

(9)

zeigt Schema 40, daß auch bei Berücksichtigung des LUMO des gesamten π-Systems für das Dienophil die Aussage über die Bevorzugung des suprafacialen Angriffs erhalten bleibt. Gleichzeitig wird deutlich, daß sich die beiden AK, die entweder zum endo- oder zum exo-Produkt führen, bezüglich der Überlappungsmöglichkeit zwischen beiden Partnern unterscheiden. Der endo-AK gestattet zusätzlich eine Wechselwirkung zwischen den p_z-Orbitalen am $C_{(3)}$ des Diens und am $C_{(3)}$ des Dienophils, die den endo-AK gegenüber dem exo-AK stabilisiert, so daß das endo-Additionsprodukt bevorzugt gebildet wird. Bei der

Schema 40

Deutung der Stereochemie der DIELS-ALDER-Reaktion

1. Suprafaciale Addition:

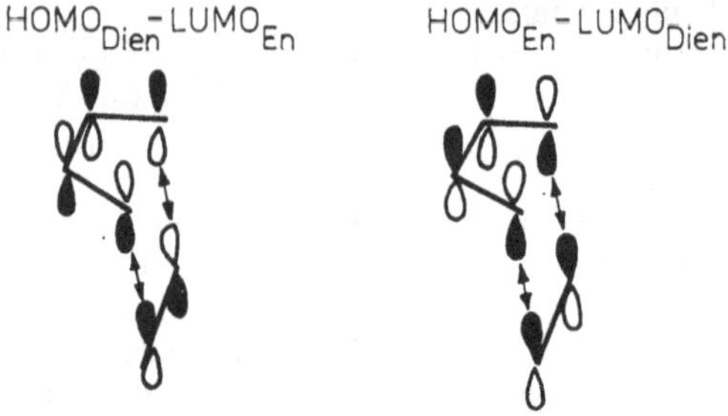

2. Bevorzugung des endo-Produktes:

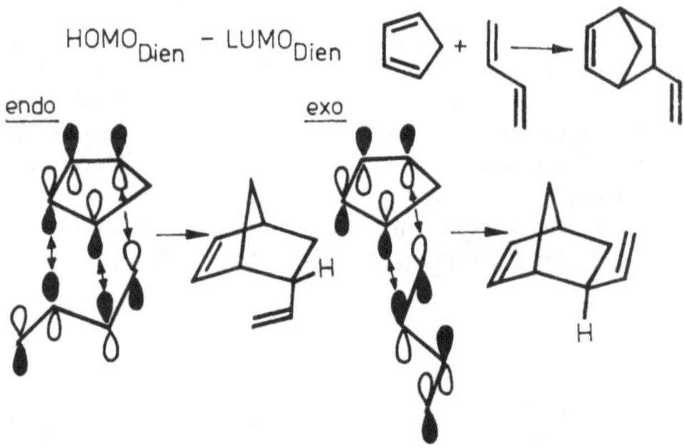

Analyse der Wechselwirkung zwischen dem HOMO$_{Dienophil}$ und dem LUMO$_{Dien}$ wird das gleiche Ergebnis erhalten.

Das Beispiel der DIELS-ALDER-Reaktion läßt vermuten, daß auch weitere pericyclische Reaktionen mit Hilfe des Grenzorbitalkonzeptes gedeutet werden können. Tatsächlich lassen sich die WOODWARD-HOFFMANN-Regeln (s. Abschn. 2.6.), die für die pericyclischen Reaktionen die Beziehungen zwischen Eduktstruktur und Reaktionsbedingungen (thermisch, photochemisch) sowie der Stereochemie der Produkte herstellen, durch Anwendung dieses einfachen Konzeptes ableiten.

Die WOODWORD-HOFFMANN-Regeln lassen sich ebenfalls mit

Hilfe des *Aromatizitätskonzeptes* ableiten. Dazu muß die Überlappungssituation für die Atomorbitale analysiert werden, die das cyclisch-konjugierte Bindungssystem im AK bilden, wie die folgenden Beispiele elektrocyclischer Reaktionen exemplarisch zeigen.

Der *elektrocyclische Ringschluß* des Hexa-1,3,5-triens zum Cyclohexa-1,3-dien (s. Abschn. 2.6., Schema 23 und 24) erfolgt disrotatorisch, wie der Vergleich von Edukt- und Produktstruktur in geeignet substituierten Derivaten zeigt. In Schema 41 ist der AK des disrotatorischen Ablaufs dargestellt. Es ist erkennbar, daß die das cyclisch-konjugierte Bindungssystem bildenden Atomorbitale sich in einer ähnlichen Anordnung befinden wie beim Benzen: sie können alle ohne Phasensprung mit ihren Nachbarn in Wechselwirkung treten. Da das delokalisierte HÜCKEL-System sechs Elektronen enthält, ist es aromatisch, d. h. der AK ist durch das aromatische Bindungssystem stabilisiert und damit gegenüber dem bei konrotatorischem Ablauf bevorzugt. Im konrotatorischen AK treten die Atomorbitale, die die neue σ-Bindung bilden, mit den Orbitalbereichen entgegengesetzten Vorzeichens in Wechselwirkung, was einem Phasensprung in dem delokalisierten Bindungssystem entspricht. Mit sechs Elektronen ist dieses MÖBIUS-System antiaromatisch.

Das Cyclobuten zeigt bei thermischer Aktivierung eine konrotatorische *Ringöffnung* zum Buta-1,3-dien (Schema 41) in Übereinstimmung mit der Orbitalanalyse; der konrotatorische AK ist MÖBIUS-aromatisch, während der disrotatorische AK HÜCKEL-antiaromatisch wäre.

Die bisherige Darstellung beweist die *stereoelektronische Kontrolle* konzertierter Reaktionen: Die AK, die den stereoelektronischen Gesetzmäßigkeiten genügen, sind gegenüber alternativen AK energetisch bevorzugt. Die Konsequenz ist eine enge Verknüpfung von Edukt- und Produktstruktur.

Allerdings gilt diese energetische Bevorzugung nicht absolut. Weitere Effekte, die ebenfalls die Energie der AK beeinflussen, können

— die Reaktionsgeschwindigkeit verändern,
— Alternativen im Rahmen der stereoelektronischen Kontrolle bevorzugen bzw. unterdrücken und
— im Extremfall die Zwänge der stereoelektronischen Kontrolle überkompensieren.

So führt die konrotatorische Ringöffnung des trans-3,4-Dimethyl-cyclobutens ausschließlich zum (E,E)-Hexa-2,4-dien (Sche-

Schema 41

Deutung der Stereochemie elektrocyclischer Reaktionen

1. Hexa-1,3,5-trien-System:

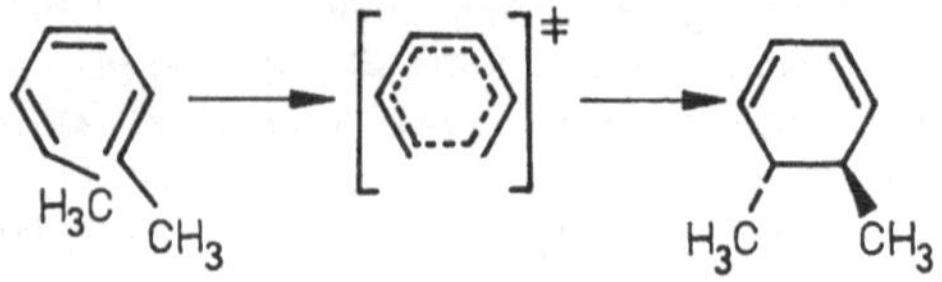

2. Buta-1,3-dien-System:

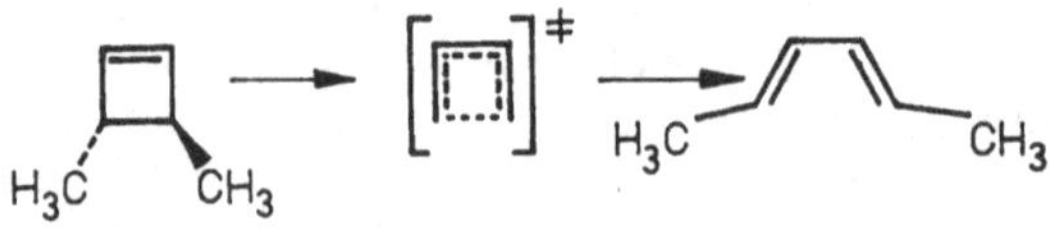

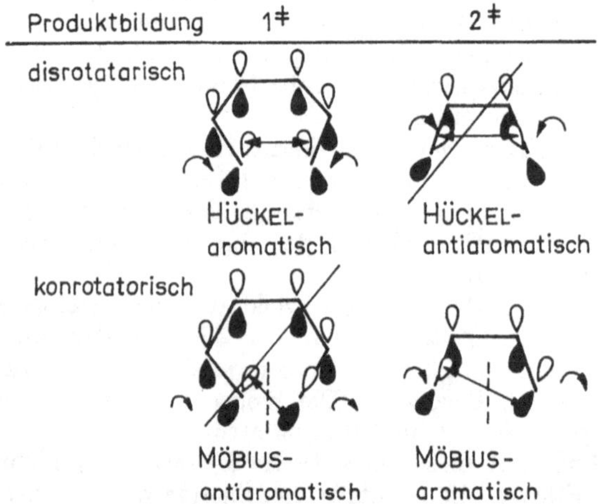

ma 41). Das ebenfalls durch konrotatorische Ringöffnung „erlaubte" (Z,Z)-Derivat wird wegen der starken gegenseitigen Behinderung der Methylgruppen am Ende des Butadiensystems nicht gebildet.

Die erlaubte konrotatorische Öffnung des Cyclobutenringes im Bicyclo[3.2.0]hept-6-en würde zu einem Cyclohepta-1,3-dien mit (Z,E)-Konfiguration führen, das aus Spannungsgründen nicht zugänglich ist (Gl. (10)).

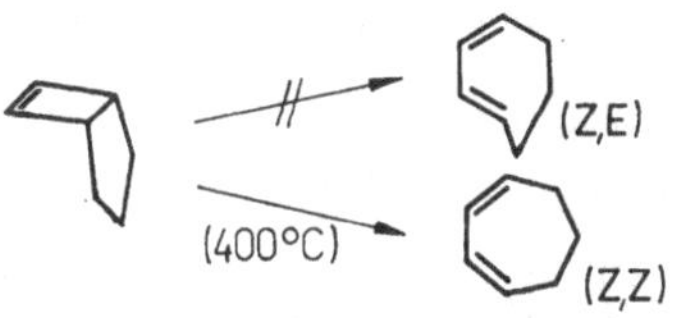

(10)

Deshalb läuft der „erlaubte" Prozeß nicht ab, während bei höherer Temperatur das sterisch zugängliche Produkt gebildet wird, das einer verbotenen disrotatorischen Ringöffnung [(Z,Z)-Konfiguration] entspräche. Der stereoelektronische Zwang tritt hier allerdings in der Form in Erscheinung, daß das (Z,Z)-Cyclohepta-1,3-dien nicht in einer konzertierten Reaktion, sondern über eine reaktive Zwischenstufe gebildet wird.

Als *stereoelektronische Effekte im engeren Sinne* soll nach dem bisher vorgestellten Material die stereoelektronische Kontrolle konzertierter Reaktionen mit all ihren Konsequenzen für die Geschwindigkeiten und Produktverteilungen bezeichnet werden.

Als *stereoelektronische Effekte im weiteren Sinne* könnten Orbitalwechselwirkungen aufgefaßt werden, die einen gegebenen AK gegenüber einem alternativen zusätzlich stabilisieren und damit favorisieren. Voraussetzung für die Möglichkeit der zusätzlichen Orbitalwechselwirkungen ist eine geeignete räumliche Lage des stabilisierenden Orbitalsystems zum Reaktionszentrum, damit eine *Überlappung „über den Raum"* (through space orbital interaction) bzw. im Sinne einer *π-Konjugation* zustande kommt. Als Beispiel für einen solchen Effekt über den Raum kann die sekundäre Orbitalwechselwirkung dienen, die zur Bevorzugung des endo-Produktes bei der Diels-Alder-Reaktion führt (s. Schema 38 und 40). Die Stabilisierung von im AK sich schon ausprägenden Carbanionen, Carbeniumionen bzw. Radikalzentren durch Konjugation mit coplanaren π-Systemen kann als Beispiel für Konjugationswechselwirkungen angeführt werden.

Die Problematik dieses Einteilungsversuches wird am letzten Beispiel deutlich (Schema 42). Die starke Erhöhung der *Solvolysegeschwindigkeit* des anti-7-Derivates nach Einführung einer Doppelbindung in 2,3-Stellung des Bicyclo[2.2.1]heptans liegt in der Mitwirkung der zwei p_z-Orbitale bzw. des π-Orbitals der Doppelbindung über den Raum.

Die Begründung kann nicht allein in der Stabilisierung des Kations als reaktiver Zwischenstufe durch die Bildung des aro-

Schema 42

Stereoelektronischer Effekt bei der Solvolyse von bicyclischen Verbindungen

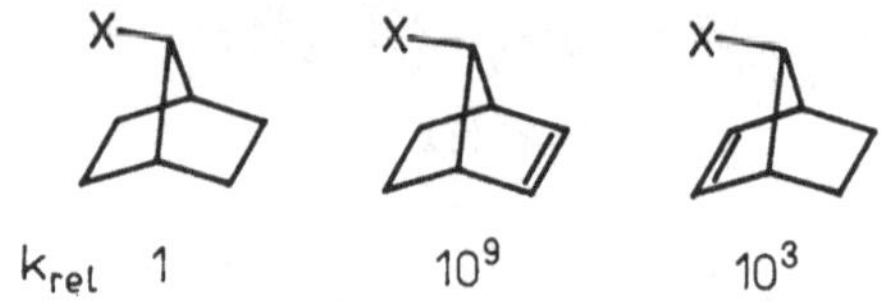

AK nach dem Grenzorbitalkonzept:

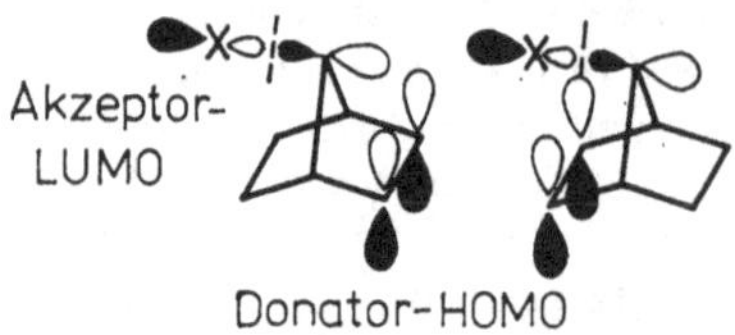

reaktive Zwischenstufen:

matischen Bishomocyclopropenyl-Kations liegen, da dieses auch bei der Solvolyse des wesentlich langsamer reagierenden syn-7-Derivates gebildet wird. Sie kann aber mit Hilfe des Grenzorbitalkonzeptes gegeben werden. Die Heterolyse der anti-C—X-Bindung (Akzeptor) wird durch das π-Orbital als Donator unterstützt, was den Geschwindigkeitssprung erklärt. Diese Unterstützung kann im syn-Derivat, wie die Grenzorbitalsituation zeigt, nicht wirksam werden. Die Mitwirkung der π-Bindung bei der Solvolyse kann auch als Nachbargruppenbeteiligung angesehen werden (s. Abschn. 3.7.).

3.3. Volumeneffekte

In der Mehrzahl der Reaktionen ist es kaum möglich, die durch die Raumerfüllung und durch die elektronischen Effekte auf ein RZ bedingten Wirkungen der Substituenten voneinander zu trennen. Trotzdem lassen sich Beispiele finden, in denen der Einfluß eines Substituenten in erster Linie durch seine *Raumerfüllung*, d. h. sein Volumen, bedingt ist und den man deshalb als einen *Volumeneffekt* klassifizieren kann.

Reaktionszentren in Substrat und Agens können durch die Substituenten gegenüber ihren Reaktionspartnern abgeschirmt werden, wobei der Effekt um so größer ist,

- je größer die Raumerfüllung der Substituenten am RZ ist und
- je stärker die Substituenten in die bevorzugte Angriffsrichtung des Partners gerichtet sind.

Die genannten Wirkungen sind danach dann zu beobachten, wenn die Geschwindigkeit einer Reaktion bzw. die Produktverteilung durch bimolekulare Schritte bestimmt werden. Da die Wirkung beim frontalen Aufeinandertreffen der Reaktionspartner zum Tragen kommt, ist dieser Effekt ein Teil des sogenannten *„front strain"-Effektes*. Einschränkungen bezüglich des ausschließlichen Einflusses der Raumerfüllung auf bimolekulare Wechselwirkungen sind zu erwarten, wenn Gruppen mit hohen Partialladungen bzw. extremer Polarisierbarkeit beteiligt sind.

Bei Umsetzungen, die nach einem monomolekularen Mechanismus verlaufen, lassen sich ebenfalls Volumeneffekte feststellen. Man denke dabei nur an den „relativ einfachen" Fall von Solvolysereaktionen tertiärer Halogenalkane, doch wird der Volumeneffekt erst im Laufe der Reaktion durch Umhybridisierung und damit Winkeländerung am RZ wirksam. Deshalb werden diese Effekte nicht mit bei den Volumeneffekten sondern im Abschnitt 3.6. besprochen.

Als Maß für die Raumerfüllung von Atomen und Atomgruppen können ihre VAN DER WAALS- oder *Wirkradien* verwendet werden [25]. In ähnlicher Weise wie die Kovalenzradien sind sie von den Bindungsverhältnissen im Molekül abhängig und stellen — allerdings mit einem Fehler von wenigstens $\pm 10\%$ behaftet — für das Atom bzw. die Atomgruppen charakteristische Größen dar. Sie lassen eine Aussage darüber zu, wie weit sich ein Atom einem anderen, das nicht unmittelbar mit ihm über eine Kovalenz gebunden ist, nähern kann.

Einer weiteren Annäherung nichtgebundener Atome, die einer gegenseitigen Durchdringung der Elektronenwolken entspricht, stellt sich ein sehr steiler Potentialanstieg entgegen ($\sim r^{-12}$), der danach elektronischer Natur ist. Die „rein" sterischen Effekte lassen sich demzufolge ebenfalls auf elektronische Wechselwirkungen zurückführen.

Schema 43

Wirkradien nach Bondi (nm)

										H	He	CH_3
										0,120	0,140	0,20
Li							C	N	O	F	Ne	C_6H_6 (Dicke)
0,182							0,170	0,155	0,152	0,147	0,154	0,340
Na	Mg						Si	P	S	Cl	Ar	
0,227	0,173						0,210	0,180	0,180	0,175	0,188	
K		Ni	Cu	Zn	Ga			As	Se	Br	Kr	
0,275		0,163	0,140	0,139	0,187			0,185	0,190	0,185	0,202	
		Pd	Ag	Cd	In	Sn			Te	I	Xe	
		0,163	0,172	0,158	0,193	0,217			0,206	0,198	0,216	
		Pt	Au	Hg	Tl	Pb						
		0,175	0,166	0,155	0,196	0,202						

Möglichkeiten zur Ermittlung der Wirkradien sind u. a. die Bestimmung der Molvolumina und die Röntgenstrukturanalyse. So konnten z. B. die Wirkradien von Chlor und Brom aus Kristallstrukturuntersuchungen von β-Hexachlor- und β-Hexabromcyclohexan durch Analyse der kleinsten Abstände nicht miteinander gebundener Halogenatome im Gitter bestimmt werden. Die Wirkradien von Atomen sind im Schema 43 enthalten.

Einige Atomgruppen sind als Projektionen im Schema 44 zusammengestellt. Sie wurden mit Hilfe der oben angeführten Zahlenwerte konstruiert und sollen ein Bild von der „Größe" dieser Gruppen vermitteln.

Um vieles anschaulicher bei der Darstellung von Volumeneffekten sind jedoch *Atomkalottenmodelle*, aus denen Moleküle maßstabsgerecht im Verhältnis $1:1{,}5 \times 10^8$ bzw. $1:2 \times 10^8$ aufgebaut werden können.

Veränderungen während der Reaktion, z. B. Deformierungen der Elektronenhüllen der betroffenen Atome bei reaktiven Stößen, Änderungen der Bindungswinkel und auch der Atomabstände können damit jedoch nicht veranschaulicht werden, so daß die Aussagefähigkeit dieser wie auch anderer Modelle im Hinblick auf die „Stereochemie der Reaktionen" sehr eingeschränkt ist und praktisch nur bezüglich der Abschirmung von RZ genutzt werden kann.

Die im folgenden angeführten Beispiele sollen die durch die Raumerfüllung hervorgerufenen Wirkungen von Substituenten erläutern. Begonnen wird mit dem Einfluß der Größe des Substituenten und seiner Entfernung vom RZ auf die *Reaktionsgeschwindigkeit* bzw. die *Gleichgewichtslage*.

Wie das Schema 45 zeigt, sind die *Basizität* von Alkylpyridinen und die Geschwindigkeit ihrer *Quaternierung* mit Iodalkanen (MENSCHUTKIN-Reaktion) sowohl von der Stellung der Substituenten R im Pyridinmolekül als auch von deren Größe abhängig.

Die Einführung einer Alkylgruppe in das Pyridinmolekül hat im Vergleich zur unsubstituierten Verbindung aufgrund ihres +I-Effektes eine Erhöhung der Basizität des Ringstickstoffs zur Folge, wobei die Unterschiede zwischen den Wirkungen verschiedener Alkylgruppen relativ gering sind. Bei den pK_s-Werten der 2-substituierten Pyridine machen sich dann Unterschiede bemerkbar, wenn die Abschirmung des protonierten Stickstoffs sehr stark wird, wodurch die Reaktion mit der Base H_2O erschwert wird (Abfall der Basizität zum 2-tert-Butyl-pyridin). Der Einbau einer zweiten tert-Butylgruppe am C-Atom 6 des Pyridins wirkt sich

Schema 44

Projektion einiger Atomgruppen

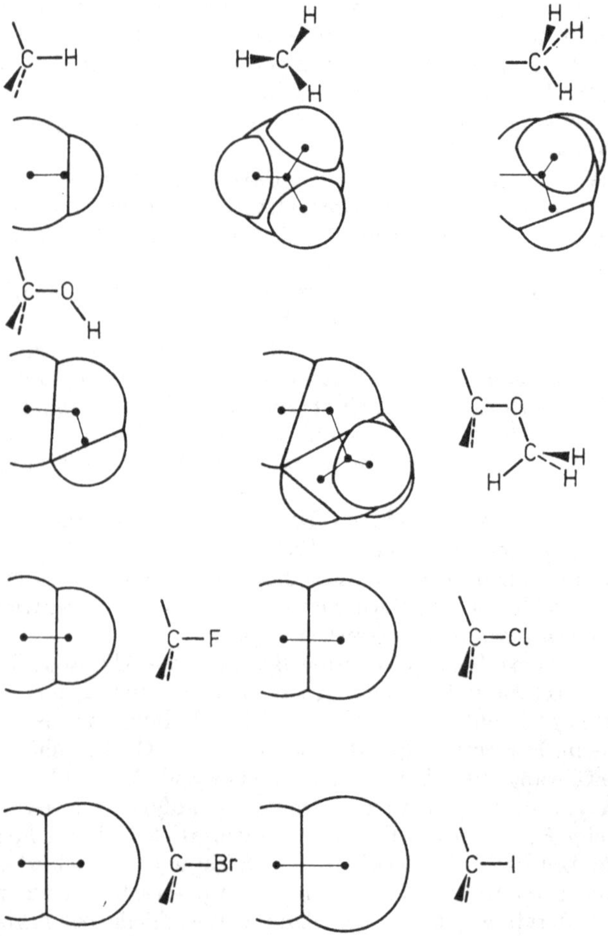

Schema 45

Reaktivität von Alkylpyridinen

1. Basizität (H_2O, 25°C):

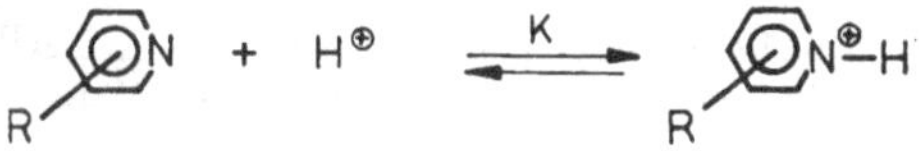

2. Quaternierung mit Iodalkanen (Nitrobenzen, 25°C):

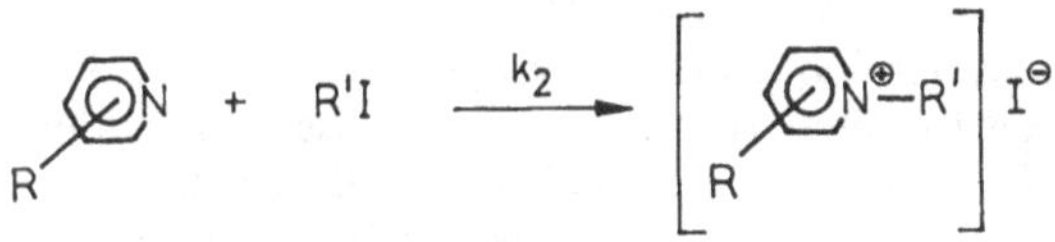

R	pK_s	*R'*: Me $\lg k_{rel}$	Et	iPr
H	5,17	0	−1,27	−2,56
3-Me	5,68	+0,32	−0,94	
4-Me	6,02	+0,35	−0,92	
3-tBu	5,82	+0,44	−0,90	
4-tBu	5,99	+0,34	−0,92	
2-Me	5,97	−0,33	−1,90	−3,82
2-Et	5,97	−0,66	−2,24	
2-iPr	5,83	−1,15	−8,50	
2-tBu	5,76	−3,64	–	

dann bereits so stark aus, daß für das 2.6-Di-tert-butyl-pyridin trotz des verstärkten Elektronendruckes durch die beiden Alkylgruppen nur noch eine verschwindend geringe Basizität festgestellt werden kann. Die Bildung eines EDA-Komplexes mit dem größeren Bortrifluorid wird sogar vollständig verhindert (vgl. Abschn. 2.7.).

Die durch den Elektronendruck der Alkylgruppen bewirkte erhöhte Nukleophilie des Stickstoffs in den substituierten Pyridinen zeigt sich ebenfalls in der größeren Reaktionsgeschwindigkeit der 3- und 4-substituierten Pyridine. Ob der Rest dabei in die 3- oder 4-Stellung eingebaut wurde, ist trotz der unterschiedlichen Größe der Methyl- und der tert-Butylgruppe nahezu ohne Bedeutung, weil R in keinem Fall das RZ, d. h. das N-Atom abschirmt. In der

Nachbarstellung zum Stickstoffatom eingebaute Alkylgruppen machen sich jedoch wesentlich stärker und in Abhängigkeit von ihrer Raumerfüllung differenzierter bemerkbar. Selbst die kleine Methylgruppe bewirkt schon eine Verminderung der Geschwindigkeit der Quaternierung. Durch die raumfüllende tert-Butylgruppe ist der Stickstoff bereits so stark abgeschirmt, daß die Alkylierung durch Iodethan nicht mehr erfolgt. In gleicher Weise wirkt die Abschirmung des RZ im Agens R'I.

Ein analoger Einfluß auf die Geschwindigkeit der Reaktion zeigt sich, wenn bei der *nukleophilen Substitution* des Chlors im 2,4-Dinitro-chlorbenzen die Größe und die Anzahl der Substituenten im angreifenden Amin verändert wird (s. Schema 46). Die eingangs getroffenen Feststellungen lassen sich demnach auf Reaktionen anwenden, die nach unterschiedlichen Mechanismen mit bimolekularen geschwindigkeitsbestimmenden Schritten ablaufen.

Schema 46

Reaktionsgeschwindigkeit von Aminen mit 2.4-Dinitro-chlorbenzen

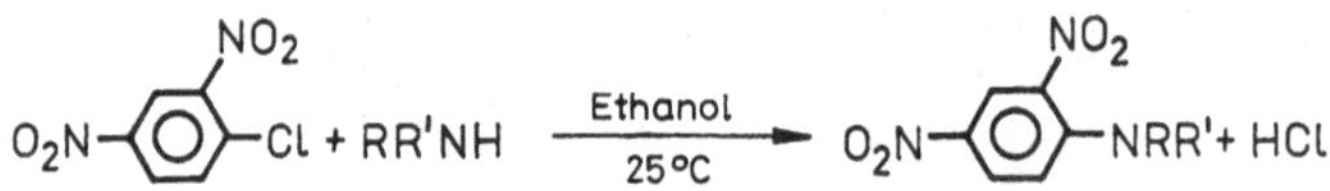

R	R'	pK_s (25 °C)	lg k_{rel}
H	H	9,27	0
H	Me	10,64	2,90
H	Et	10,67	2,36
H	nBu	10,61	2,40
Me	Me	10,71	3,95
Et	Et	10,98	1,68
nBu	nBu	11,31	1,65
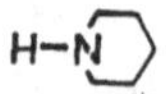		11,13	3,58
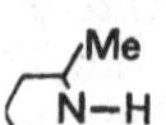		10,98	0,74
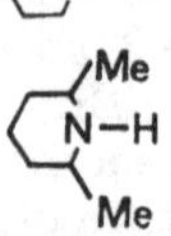		–	−0,56 ··· −0,82

Bei längerkettigen Alkylgruppen am Aminstickstoff spielen bei Betrachtungen ihrer sterischen Wirksamkeit *konformative Effekte* eine Rolle. Schema 47 zeigt am Beispiel des Diethylamins, daß neben einer Konformation, in der das Stickstoffatom „frei" an der Spitze einer trigonalen Pyramide steht, andere Konformationen möglich sind, in denen das Stickstoffatom zunehmend durch die Alkylgruppen umfaßt und damit abgeschirmt wird.

Schema 47

Ausgewählte Konformation im Diethylamin

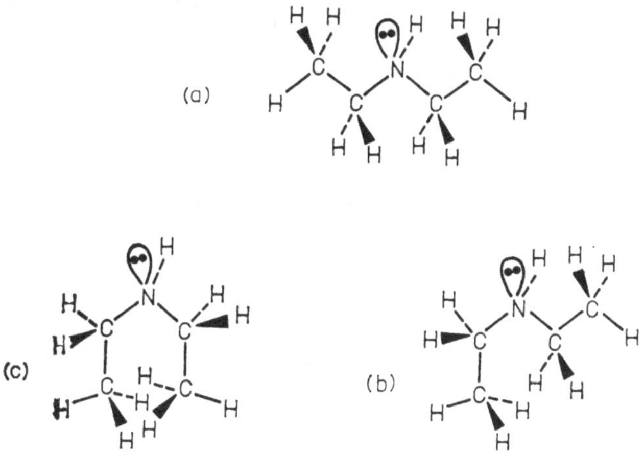

Damit wird auch die starke Verminderung der Reaktionsgeschwindigkeit beim Übergang von Pyridin zum 2.6-Dimethylpiperidin erklärlich (Schema 46), denn die Anordnung der Gruppen am N entspricht den fixierten Konformationen (a) bis (c) des Diethylamins.

Werden konformative Veränderungen in den Kohlenwasserstoffresten und die Inversion am Stickstoff durch den Einbau in ein bicyclisches Ringsystem verhindert, so kann die Nukleophilie des Stickstoffatoms voll wirksam werden. Ein anschauliches Beispiel bildet der Vergleich der Geschwindigkeitskonstanten der Umsetzung von Iodethan mit Triethylamin (**3**) bzw. Chinuclidin (**4**) und der Dissoziationskonstanten der Trimethylboran-Komplexe der beiden Verbindungen.

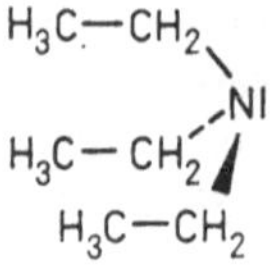

3

4

Chinuclidin reagiert 252mal schneller als Triethylamin und bildet im Gegensatz zum Triethylamin auch einen stabilen Komplex mit Trimethylboran ($K_D = 0{,}020$).

Wie die folgenden Beispiele zeigen, kann die Veränderung der Raumerfüllung von Substituenten im Substrat und im Agens auch zur Veränderung der *Produktverteilung* führen. Bei der Autoxydation alkylsubstituierter Cyclohexane ist der Angriff des Sauerstoffs auf die tertiäre C—H-Bindung zu erwarten, weil dabei das stabile tertiäre Kohlenstoffradikal entsteht. Dieser elektronisch begründeten Bevorzugung wirkt ein Volumeneffekt entgegen, der bei Vergrößerung der Alkylsubstituenten zu einer Verringerung des Anteils an tertiärem Hydroperoxid führt (Schema 48).

Schema 48

Autoxydation von Cyclohexanen

R	Anteil des Sauerstoffangriffs auf die tertiäre C—H-Bindung
CH_3	60%
C_2H_5	40%
$CH(CH_3)_2$	15%
C_6H_{11}	11%

Bei *elektrophilen Substitutionen an Aromaten*, z. B. der Halogenierung und der Friedel-Crafts-Alkylierung, wird das Verhältnis von ortho- zu para-Produkten durch die Größe der Sub-

Schema 49

o/p-Produktverhältnis bei elektrophilen Substitutionen an Alkylbenzenen 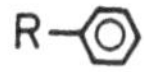

Reaktion	Verhältnis o/p-Produkt bei R: Me	Et	iPr
Halogenierung			
Chlorierung	1,78	1,00	0,59
Bromierung	0,69	0,22	0,12
Iodierung	0,67	0,05	0
FRIEDEL-CRAFTS-*Alkylierung*			
Methylierung	2,32	–	–
Ethylierung	1,41	–	–
Isopropylierung	1,12	–	0,16
Cyclohexylierung	0,57	0,29	0,06
tert-Butylierung	0	–	–

stituenten am Aromaten und durch die Größe des angreifenden elektrophilen Agens bestimmt (Schema 49).

Nach einem bimolekularen Mechanismus verlaufende *Eliminierungsreaktionen* von Halogenwasserstoffen aus verzweigten 2-Halogen-alkanen können zu 1- und 2-Olefinen führen. Ob dabei bevorzugt das thermodynamisch stabilere SAYZEW-Produkt (2-Olefin) oder das HOFMANN-Produkt (1-Olefin) gebildet wird, hängt sowohl von der Struktur des Substratmoleküls als auch von der Raumerfüllung der angreifenden Base ab.

Die im Schema 50 angeführten Beispiele für die HBr-Eliminierung aus verzweigten 2-Bromalkanen mittels Kaliumethanolat zeigen eine sehr starke Zunahme des 1-Olefins im Reaktionsprodukt, wenn der Verzweigungsgrad zunimmt und innere β-H-Atome dadurch schwerer zugänglich werden.

Obwohl im 2-Brom-2-methyl-butan sechs Wasserstoffatome zur Bildung des 1- und nur zwei zur Bildung des 2-Olefins zur Verfügung stehen, ist letzteres als thermodynamisch stabileres mit etwa 70% am Reaktionsprodukt beteiligt. Analoge Voraussetzungen für die Bildung des 1- und 2-Olefins bestehen im 2-Brom-2.4.4-trimethyl-pentan, doch überwiegt hier das thermodynamisch instabilere 1-Olefin mit 86%. Die fünf Methylgruppen schirmen hier die innere Methylengruppe so stark ab, daß an ihr eine H-Abspaltung kaum noch möglich ist. Das 1-Olefin entsteht

Schema 50

Produktverhältnis bei der HBr-Abspaltung aus 2-Bromalkanen (Kaliummethanolat, Ethanol, 70 °C)

2-Bromalkan	1-Olefin / 2-Olefin
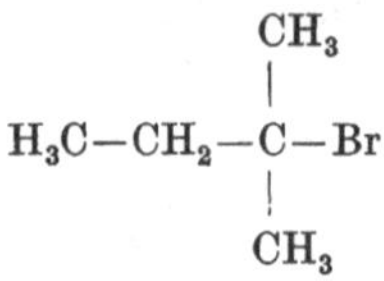	0,43
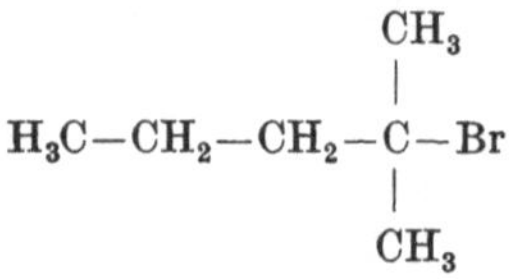	1,00
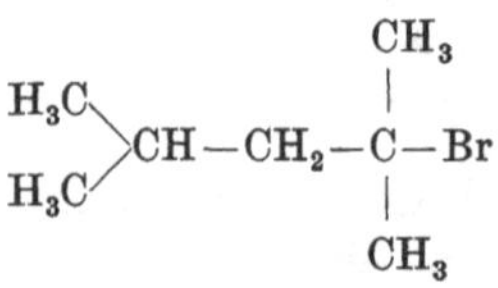	1,17
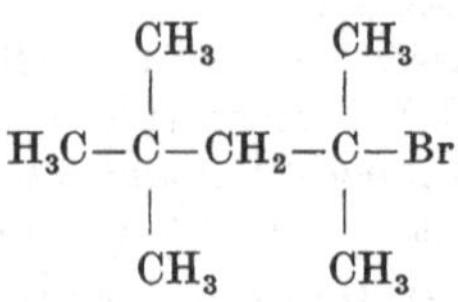	6,1

mit höherem Anteil als es bei einer statistischen Eliminierung der Fall sein würde.

Daß auch die Raumerfüllung der angreifenden Base einen Einfluß auf die Produktverteilung ausübt, geht aus der im Schema 51 gezeigten Eliminierung von HBr mit unterschiedlich großen Alkalialkanolaten hervor.

In *ambidenten Anionen* bilden die reaktionsfähigen Stellen ein mesomeres System, dessen Reaktion zu strukturisomeren Produkten führen kann. Welches der möglichen Reaktionsprodukte bevorzugt gebildet wird, hängt u. a. sowohl von der Umgebung der Reaktionszentren im Substratmolekül als auch von der Größe des Reaktionspartners ab.

Bei der *Alkylierung* von Alkaliphenolaten mit Iodalkanen

Schema 51

Produktverhältnis bei der HBr-Abspaltung aus 2-Brom-2,3-dimethylbutan

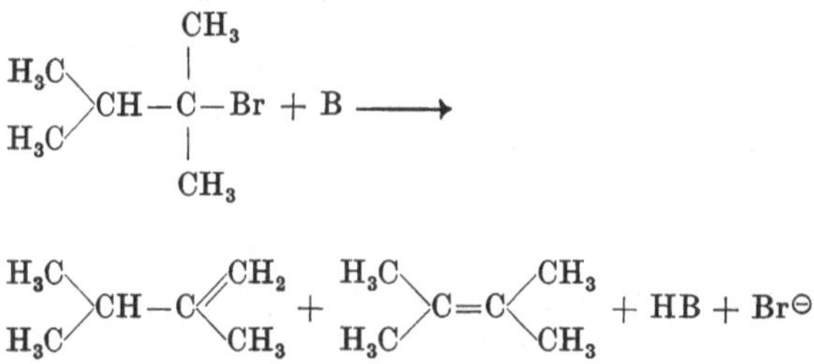

Alkanolat	$\frac{\text{1-Olefin}}{\text{2-Olefin}}$
$H_3C-CH_2-O^{\ominus}$	0,25
$H_3C-C(CH_3)_2-O^{\ominus}$	2,7
$H_3C-CH_2-C(CH_3)_2-O^{\ominus}$	4,3
$H_3C-CH_2-C(CH_2-CH_3)_2-O^{\ominus}$	11,4

Schema 52

Alkylierung von Kalium-2,6-di-tert-butylphenolat mit Iodalkanen

Iodalkan	O-Alkylierung	C-Alkylierung
CH_3I	88 %	6 % (a)
C_2H_5I	11 %	66 % (b)
$(CH_3)_2CHI$	0 %	100 %

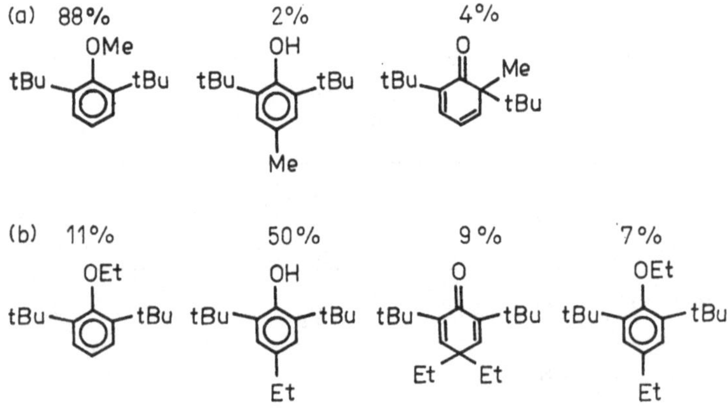

können sowohl O- als auch C-alkylierte Produkte entstehen. Ausschließlich Phenolether werden gebildet, wenn im Phenolation das Sauerstoffatom nur von Wasserstoffatomen in den Positionen 2 und 6 flankiert ist. Dabei spielt die Größe des Iodalkans als Reaktionspartner keine Rolle. Werden jedoch die H-Atome in den genannten Stellungen durch tert-Butylgruppen ersetzt, so finden sich neben den O-alkylierten auch C-alkylierte Produkte im Reaktionsgemisch. Wie die Angaben im Schema 52 zeigen, ist der Anteil des C-alkylierten Phenols dabei stark von der Größe des Iodalkans abhängig.

Auch bei Radikalreaktionen und elektrophilen Additionen an Olefine lassen sich Beispiele finden, wo durch zunehmende Raumerfüllung der Substituenten der Ort der Reaktion und damit die Produktverteilung verändert werden.

So läßt sich der differenzierte sterische Einfluß von Alkylgruppen bei der *Addition von Alkylradikalen*, die durch Reduktion von Organoquecksilberhalogeniden mit Natrium-tetrahydridoborat

Schema 53

Addition von Alkalradikalen an substituierte Acrylsäureester

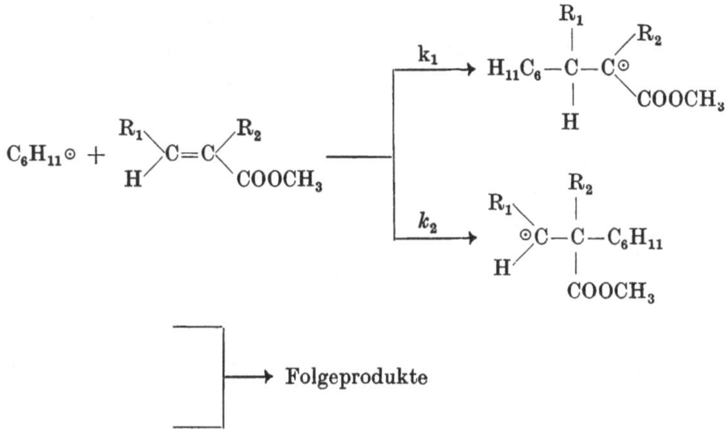

R_1	R_2	$10^3 \cdot k_1$	$10^3 \cdot k_2$	$k_{1H} : k_{1R}$	
H	H	1000	2,0	1	α-Effekt
Me	H	11	1,0	90	
Et	H	6,6	0,9	150	
iPr	H	1,5	0,5	670	
tBu	H	—	—	(3000)[1]	
H	Me	710	$< 10^{-3}$ (nicht meßbar)	1,4	β-Effekt
H	Et	550		1,8	
H	iPr	430		2,3	
H	tBu	250		4	

[1]) geschätzt

erzeugt wurden, an substituierte Acrylsäureester nachweisen. Die aus den Produktverhältnissen beim paarweisen Einsatz der Acrylsäureester ermittelten relativen Geschwindigkeitskonstanten (s. Schema 53) zeigen, daß drastische Verringerungen dann erfolgen, wenn die Addition des Radikals an das alkylsubstituierte C-Atom erfolgt (α-Effekt). Der β-Effekt, d. h. die Wirkung der Alkylgruppen in β-Stellung zum angegriffenen C-Atom, ist erwartungsgemäß sehr viel geringer. Die experimentellen Ergebnisse weisen daraufhin, daß die Addition des Radikals über einen unsymmetrischen AK führt, in dem das Radikal schon an das entsprechende Substrat-C-Atom fixiert ist.

Werden *Borane an Olefine* addiert, so entsteht das anti-MARKOWNIKOW-Produkt, wobei sich — wie das Schema 54 zeigt — mit steigender Größe des Borans die Selektivität der Reaktion erhöht.

Wenn bei einer bimolekularen Reaktion mehrere Reaktionsprodukte entstehen, dann müssen auch mehrere aktivierte Komplexe vorgelegen haben. Sind im Substratmolekül verschiedene reaktionsfähige Stellen vorhanden, so unterscheiden sich die

Schema 54
Addition von Boranen an Olefine

	$(H)_2C{=}C(H)(CH_2)_3CH_3$		$H_3C(H)C{=}C(H)CH(CH_3)_2$	
	Borangriff auf:			
Boran	C_1	C_2	C_2	C_3 (in %)
„BH_3“	94	6	57	43
$[(CH_3)_2CH-C(CH_3)]_2BH$	99	1	97	3
	99,9	0,1	99,8	0,2

aktivierten Komplexe in ihrer „Konstitution" und es entstehen strukturisomere Produkte (o/p-Verhältnis bei S_EAr, Verhältnis von 1- und 2-Olefinen bei E2). Werden diastereomere Produkte gebildet, dann sollten auch die AK's im Verhältnis von Diastereomeren zueinander stehen und sich demzufolge ebenfalls in ihrem Energieinhalt unterscheiden, wodurch die diastereomeren Produkte bei kinetischer Kontrolle in unterschiedlicher Menge entstehen.

Für die unterschiedliche energetische Lage diastereomerer AK können auch Volumeneffekte verantwortlich gemacht werden. Das zeigt z. B. die *Reaktion von Glyoxylsäuremethylester* mit (Z)-But-2-en (Gl. (11)) bzw. Cyclohexan (Schema 55). In welcher relativen Anordnung die prochiralen RZ der beiden Partner in Wechselwirkung treten, hängt von der Raumerfüllung der Substituenten an beiden RZ ab.

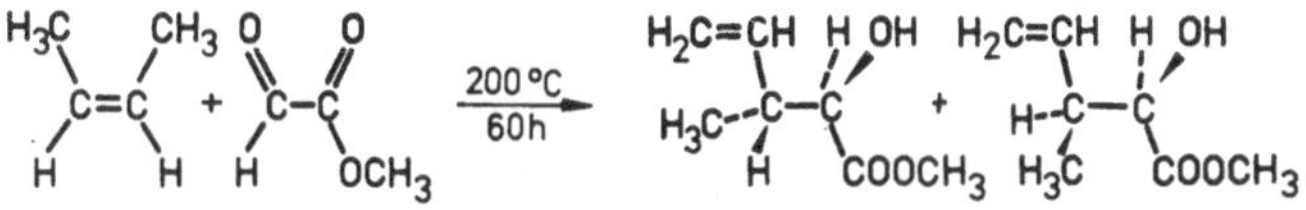

(11)

Schema 55
En-Addition von Glyoxylsäureester an Olefine

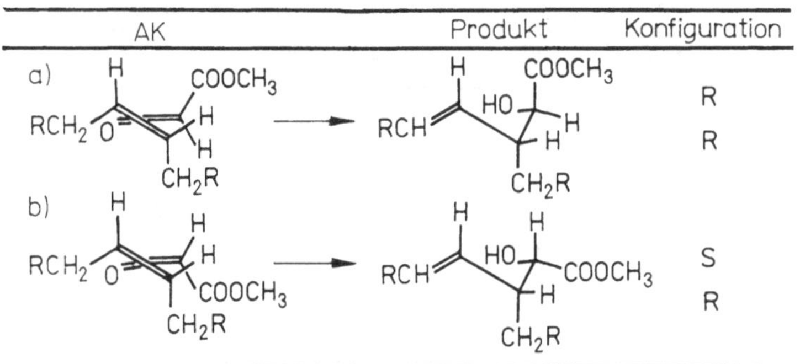

R	R	Produktverhältnis (a) (b)
H	H	7,4:1
CH_2-CH_2		8,3:1

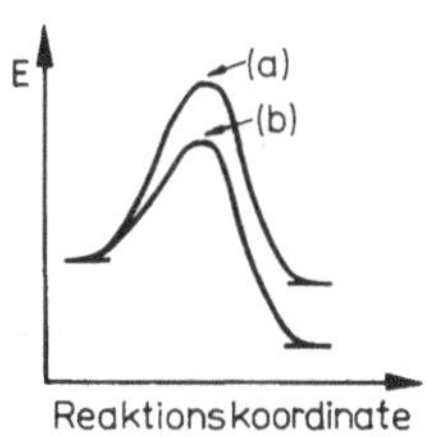

Die geringere sterische Wechselwirkung zwischen der Carbomethoxygruppe des Esters mit der Methyl- bzw. Methylengruppe des Olefins im AK (a) gegenüber (b) erklärt die bevorzugte Bildung der daraus entstehenden Diastereomeren.

Die summarisch in den Geschwindigkeitskonstanten zum Ausdruck kommenden Volumeneffekte müssen sich auch in charakteristischen Veränderungen der *Aktivierungsparameter* zeigen. Als Beispiel soll wieder auf die MENSCHUTKIN-*Reaktion* verwiesen werden (Schema 56).

Schema 56

Aktivierungsparameter für die MENSCHUTKIN-Reaktion

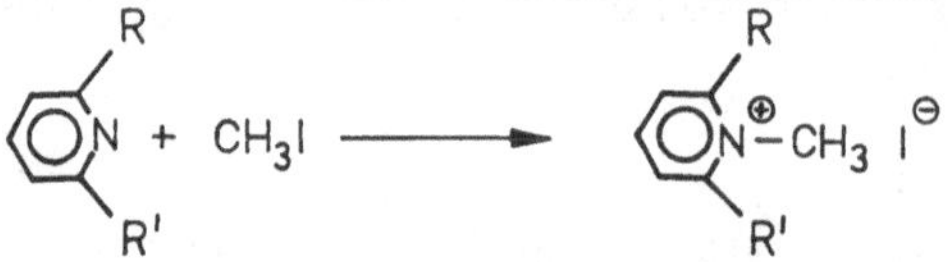

R	R'	$\lg k_{rel}$	$\Delta H^{\neq}$ (kJ/mol)	$\Delta S^{\neq}$ [1]) (J/mol · K)
H	H	0	55,6	−125
Me	H	−0,33	56,1	−130
Et	H	−0,66	57,3	−132
iPr	H	−1,15	59,4	−134
tBu	H	−3,64	70,3	−145

R	R'	$\Delta V^{\neq}$ [2]) (cm^3/mol)
H	H	−21,9
Me	Me	−24,4
Et	Et	−27,3
iPr	iPr	−30,2

[1]) in Nitrobenzen, 25 °C [2]) in Aceton, 25 °C

Kennzeichnend ist die energetische und gleichzeitig entropische Erschwerung des Aktivierungsprozesses beim Übergang zu voluminöseren Substituenten. Parallel zur Erhöhung der Ordnung im AK, ausgedrückt durch die stärker negativ werdende Aktivierungsentropie $\Delta S^{\neq}$, werden auch die Aktivierungsvolumina $\Delta V^{\neq}$ stärker negativ. Das entspricht der Notwendigkeit einer stärkeren Komprimierung der Reaktionspartner im AK, damit die elektronischen Umgruppierungen stattfinden können, was auch einem erhöhten Energieaufwand zur Erreichung des AK entspricht.

3.4. Konformative Effekte

Konformative Einflüsse auf Reaktionen machen sich dann bemerkbar, wenn Atome oder Atomgruppen an benachbarten C-Atomen in das Reaktionsgeschehen einbezogen werden. Die Produktverteilung kann dabei sowohl von *Konformationsgleichgewichten im Edukt* (z. B. bei bimolekularen Eliminierungen und Umlagerungen, Schema 57, Fall (a)) als auch in reaktiven Zwischenstufen (z. B. bei monomolekularen Eliminierungen und Additionsreaktionen an Doppelbindungen, Schema 57, Fall (b)) beeinflußt werden. Verschiebungen des Konformationsgleichgewichtes bewirken dann auch veränderte Produktverhältnisse.

Schema 57

Energieprofildiagramme für Reaktionen mit Konformationsgleichgewichten

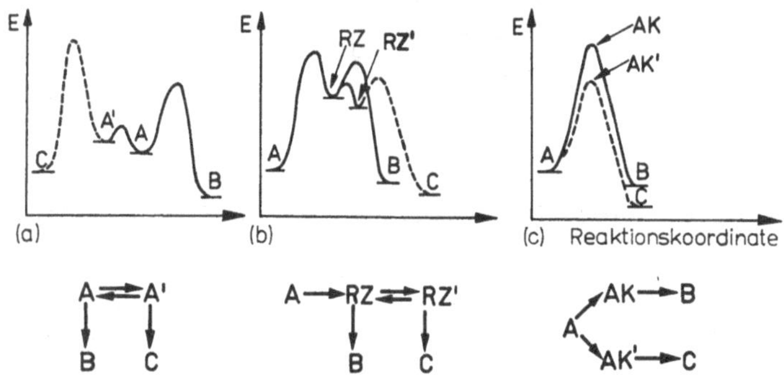

Bei *bimolekularen Eliminierungen* von HX aus Verbindungen des Typs $R-CH_2-CHX-CH_3$ bestehen für die Sayzew-Eliminierung prinzipiell zwei Möglichkeiten für die Einstellung antiperiplanarer Anordnungen der Abgangsgruppen H und X, die sich in ihrer Stabilität unterscheiden (Schema 58).

Die Konformation (a) enthält die beiden voluminösen Gruppen CH_3 und C_2H_5 in der günstigen antiperiplanaren Anordnung. Deshalb ist das Konformerengleichgewicht (a) $\rightleftharpoons$ (b) nach links verschoben. Diese antiperiplanare Anordnung bleibt im AK und auch im (E)-Produkt erhalten und begünstigt diesen Reaktionsweg gegenüber dem aus der Konformation (b), wo die beiden Gruppen aus der synclinalen in die synperiplanare Anordnung gezwungen

Schema 58
Bimolekulare Eliminierung von HX aus $R-CH_2-CHX-CH_3$

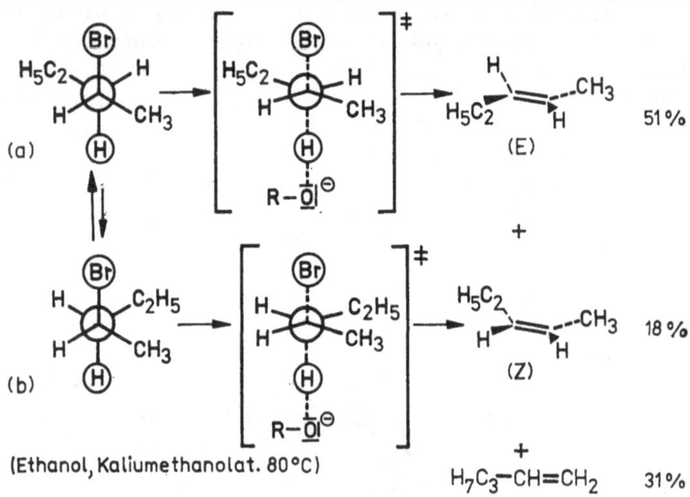

werden. Die Produktverteilung wird bei kinetischer Kontrolle durch das CURTIN-HAMMETT-*Prinzip* bestimmt. Dieses besagt, daß bevorzugt das Produkt gebildet wird, welches über den AK mit der geringsten Energie entsteht. Das führt dazu, daß die Eliminierung von HBr vorwiegend aus der Konformation (a) erfolgt und damit zur angegebenen Produktverteilung führt.

Auch *1,2-Umlagerungen* sind Beispiele dafür, daß die relative Anordnung der Substituenten an benachbarten C-Atomen Einfluß auf die Produktverteilung nimmt (Schema 59). Stehen zwei wanderungsfähige Gruppen (Ar und Ar′) zur Verfügung, so wird jene Gruppe wandern, die eine antiperiplanare Stellung zur austretenden Gruppe (N_2) einnimmt. Von den beiden Konformationen (a) und (b) des threo-Eduktes ist (a) stabiler, weil die Methylgruppe zwischen dem Rest Ar und der relativ kleinen OH-Gruppe steht, so daß bevorzugt der Rest Ar wandert und damit (c) zum Hauptprodukt der Reaktion wird.

Bei den entsprechenden erythro-Aminoalkoholen wandert aus dem gleichen Grund bevorzugt der Rest Ar′ und damit wird (d) zum Hauptprodukt.

Schema 59
Desaminierung von threo-Aminoalkoholen

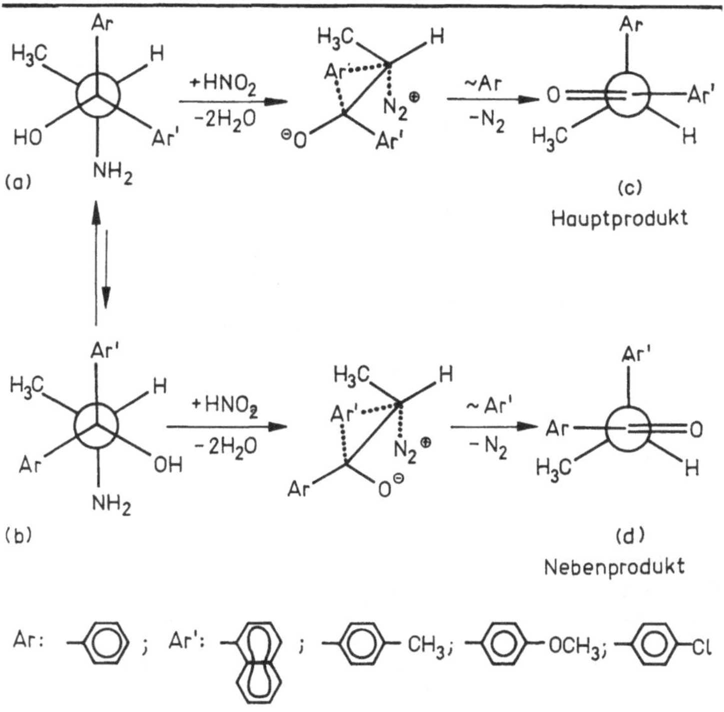

Die beiden Reaktionsbeispiele entsprechen dem allgemeinen Fall (a) im Schema 57.

Haben *reaktive Zwischenstufen* eine ausreichende Lebensdauer, dann können sich auch bei ihnen Konformationsgleichgewichte einstellen und dadurch Produktverhältnisse beeinflußt werden. Im geschwindigkeitsbestimmenden Schritt der *E1-Reaktion* an Verbindungen des Typs $R-CH_2-CHX-CH_3$ entstehen Carbeniumionen (Schema 60), die wegen der Rotationsmöglichkeit um die $C_{(2)}$-$C_{(3)}$-Bindung unterschiedliche Konformationen einnehmen können.

Die Sayzew-Eliminierung erfolgt in diesem Fall aus den Konformationen (a) und (c), in denen das freie p_z-Orbital am $C^{\oplus}$ mit

Schema 60
Monomolekulare Eliminierung von HX aus $R-CH_2-CHX-CH_3$

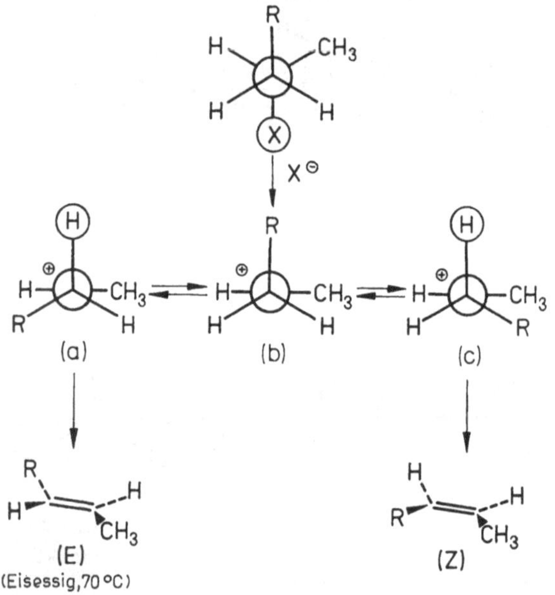

R	X	% (Z)	% (E)	% 1-Olefin
CH_3	$H_3C-C_6H_4-SO_2-$	43,2	46,5	10,3
C_2H_5	$H_3C-C_6H_4-SO_2-$	35	49	16
C_2H_5	$Br-C_6H_4-SO_2-$	35,5	48,8	15,7
$(CH_3)_2CH$	$Br-C_6H_4-SO_2-$	27,3	53,0	19,7
$(CH_3)_3C$	$Br-C_6H_4-SO_2-$	0,9	74,8	24,3

dem beim Bruch der C—H-Bindung entstehenden freien Elektronenpaar sofort seitlich überlappen und damit die π-Bindung ausbilden kann. Da in der Konformation (a) die beiden Alkylgruppen am weitesten voneinander entfernt sind, ist (a) gegenüber (c) bevorzugt, so daß um so mehr (E)-Olefin gebildet wird, je größer das Volumen von R ist. Die Tabelle im Schema 60 zeigt gleichzeitig, daß

— die Produktverteilung — wie für E1 erwartet — unabhängig von der Natur der Abgangsgruppe X ist (R: C_2H_5; X: OTs bzw. OBs),

— mit zunehmender Raumerfüllung von R die Abspaltung des Protons im Molekülinnern erschwert und an die Peripherie des Moleküls verlagert wird, so daß auch der Anteil an 1-Olefin steigt.

Im Abschn. 2.2. wurde bereits über die stereochemischen Möglichkeiten bei Additionsreaktionen und die sie beeinflussenden Faktoren gesprochen. An dieser Stelle soll noch einmal auf die Bedeutung der *Lebensdauer von Carbeniumionen* für die Produktverteilung hingewiesen werden. Ist R in Gl. (4) ein Phenylrest, so vergrößert sich durch die Stabilisierung der positiven Ladung die Lebensdauer der RZ als offenes Ion und damit die Wahrscheinlichkeit für die Einstellung unterschiedlicher Konformationen. Dieser Prozeß wird durch polare Lösungsmittel noch gefördert. Das zeigt sich sehr deutlich darin, daß aus den beiden diastereomeren Stilbenen durch Bromaddition in polaren Lösungsmitteln etwa gleiche Produktverhältnisse mit der Bevorzugung des stabileren meso-Dibromstilbens entstehen:

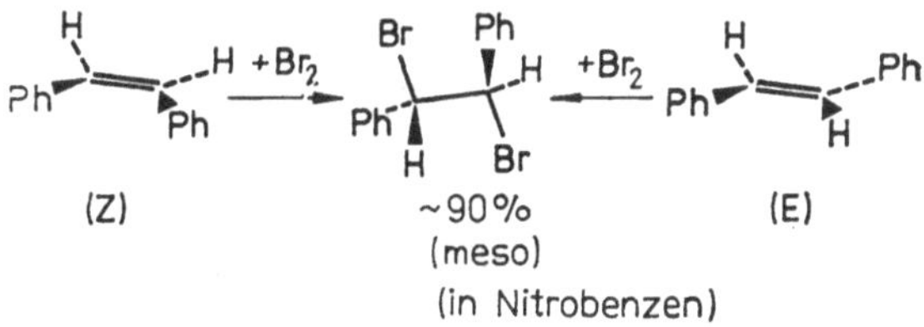

(12)

Außer Konformationsgleichgewichten in Edukten und reaktiven Zwischenstufen beeinflussen konformative Effekte auch die *Auswahl aus alternativen aktivierten Komplexen.*

Umsetzungen an der Doppelbindung des Bicyclo[2.2.1]hept-2-ens (Norbornen) zeichnen sich z. B. durch die Bevorzugung eines der möglichen Additionsprodukte aus (Schema 61).

Die Produktverteilung zeigt — unabhängig vom Mechanismus der Reaktion — ein sehr starkes Überwiegen des exo-Additionsproduktes. Bei einem endo-Angriff des Agens auf die Doppelbindung, d. h. von der Seite der größeren Brücke aus, müssen im AK ein bzw. bei cyclischen AK zwei Paare H-Atome eine synperiplanare Stellung im Aktivierungsschritt durchlaufen ((b) im Schema 61), während bei einem exo-Angriff die Torsionswinkel φ größer und damit die konformativen Wechselwirkungen geringer werden.

Schema 61
Additionen an Bicyclo[2.2.1]hept-2-en

Agens	bevorzugtes Produkt	Anteil (%)
	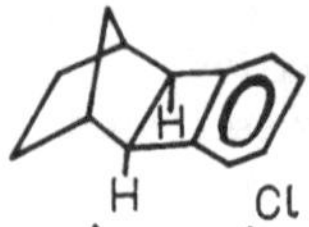	98
CCl_2	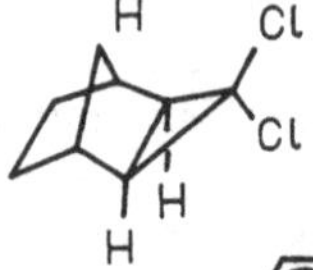	—
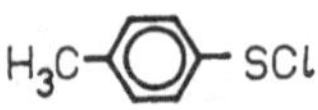	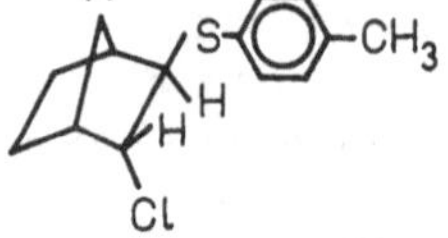	100

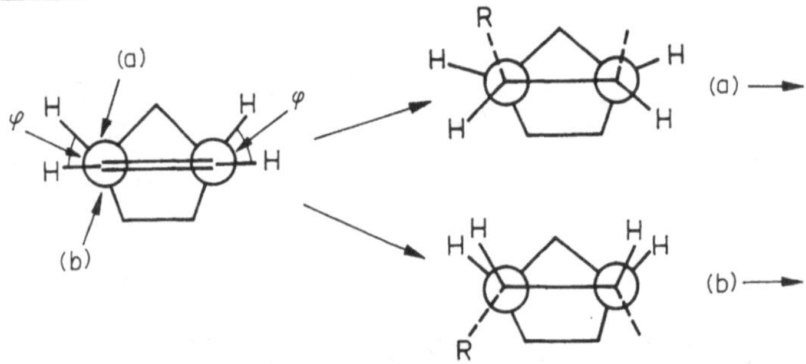

Unterschiedliche konformative Wechselwirkungen zwischen synclinalen Substituenten in den nicht im Gleichgewicht stehenden diastereomeren aktivierten Komplexen (Fall (c) im Schema 57) führen demzufolge zu ausreichenden Unterschieden in der Aktivierungsenergie der Reaktion, so daß stark differenzierte Produktverteilungen registriert werden.

3.5. *Sterische Hinderung der Konjugation*

Voraussetzung für die Ausbildung konjugierter Systeme ist, daß die beteiligten Atome nahezu in einer Ebene liegen (Koplanarität). Nur dann können deren p_z-Orbitale maximal seitlich überlappen und damit ein delokalisiertes π-Bindungssystem bilden. Die Konjugation wird geschwächt, sobald die Parallelität der wechselwirkenden p_z-Orbitale gestört wird, d. h. sobald Molekülteile aus der σ-Bindungsebene herausgedreht werden (Schema 62). Sie wird im Extremfall unterbrochen, wenn die betroffenen p_z-Orbitale senkrecht zueinander stehen. Diese Störung der Konjugation wird erzwungen, wenn sich voluminöse Substituenten in der ebenen Anordnung des σ-Bindungsgerüstes zu stark behindern.

Schema 62

Anordnung der p_z-Orbitale in einem ungestörten (a) und einem verdrillten (b) konjugierten System

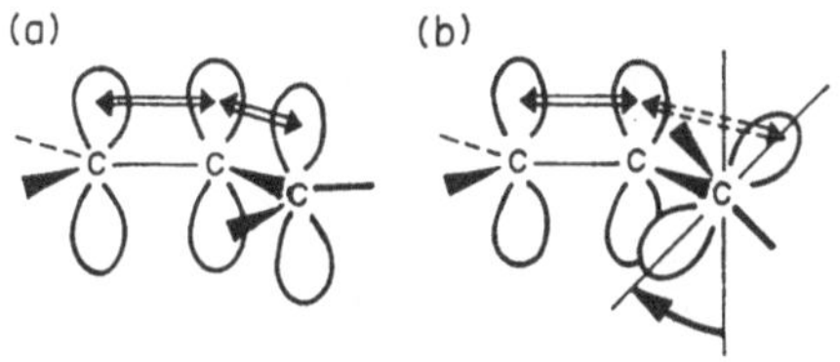

Eine Folge der Störung der Konjugation ist u. a. die *Änderung spektroskopischer Eigenschaften,* z. B. der chemischen Verschiebungen in den NMR-Spektren bzw. der Lage der Absorptionsmaxima von Elektronenspektren.

Die im Schema 63 angegebenen Daten zeigen, daß durch die Einführung einer Methylgruppe am $C_{(2)}$ des Cyclohexens die koplanare Einstellung der konjugierten Doppelbindungen im 1-Isopropenyl-2,4-dimethyl-cyclohexen (b) verhindert wird und sich dadurch die spektroskopischen Eigenschaften denen des 4-Isopropenyl-1-methyl-cyclohexens (Limonen (c)) mit isolierten Doppelbindungen nähern. Im 1-Isopropenyl-4-methyl-cyclohexen (3,8-p-Menthadien (a)) ist die Koplanarität der Doppelbindungen nicht gestört, was sich in der der WOODWARD-FIESER-Regel entsprechenden Lage und Intensität des UV-Maximums äußert.

Der Einfluß der Abschwächung der Konjugation auf die *Reaktivität* von Reaktionspartnern kann in zweifacher Hinsicht wirksam sein:

a) Das RZ ist durch Konjugation stabilisiert. Die Konjugation zwischen RZ und dem Mehrfachbindungssystem wird gestört.

Schema 63
Auswirkung der verminderten Konjugation auf spektroskopische Eigenschaften

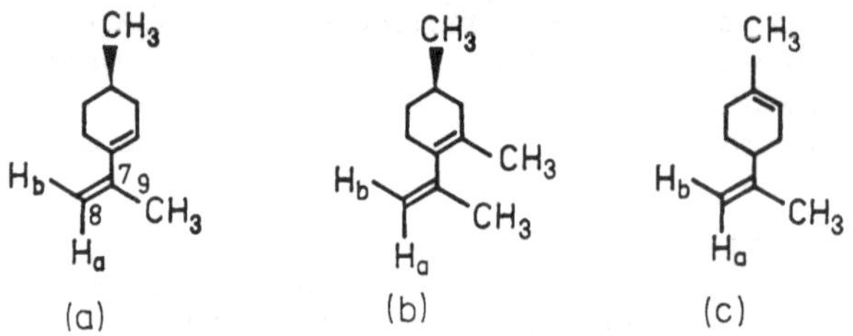

	(a)	(b)	(c)
UV			
λ_{max} (nm)	232	217*)	–
ε_{max}	17300	3300	–
^{1}H–NMR			
H_a	4,92	4,87	4,703
H_b	4,89	4,58	4,698
9-CH_3	1,84	1,75	1,64
^{13}C-NMR			
C_7	143,5 (s)	147,2 (s)	149,9 (s)
C_8	109,6 (t)	112,0 (t)	108,4 (t)
C_9	20,2 (q)	22,2 (q)	20,7 (q)

*) nur als Schulter ausgebildet

b) Das RZ ist Teil eines Konjugationssystems, an dem Substituenten mit einem mesomeren Effekt variiert werden. Die Konjugation zwischen Substituent und π-System wird gestört.

Der erste Fall kann mit folgendem Beispiel belegt werden: Die *Auflösung der Benzoesäure* in konzentrierter Schwefelsäure (Schema 64) führt zur Protonierung der Carboxylgruppe am Carbonylsauerstoff. Die dabei am Carbonylkohlenstoff auftretende positive Ladung kann durch die Konjugation mit dem π-System des Benzenrings stabilisiert werden, wenn da $s\sigma$-Bindungsgerüst von Carboxylgruppe und Benzenring in einer Ebene liegt. Das ist in der unsubstituierten Benzoesäure (Fall 1) zwanglos möglich. In der 2,6-Dimethyl-benzoesäure (Fall 2) behindern die beiden ortho-Methylgruppen dagegen eine koplanare Einstellung der protonierten Carboxylgruppe, weshalb die positive Ladung des Carbonylkohlenstoffs nicht stabilisiert werden kann. Durch Abspaltung eines Moleküls Wasser aus der protonierten Carboxylgruppe wird das Acyliumkation Ar—C=O$^{\oplus}$ gebildet, für das aufgrund seiner linearen Struktur die sterische Hinderung durch die ortho-Methylgruppen wegfällt und deshalb wieder eine Konjugation zwischen dem leeren p_z-Orbital am Carbonylkohlenstoff und dem aromatischen Ring und damit eine Stabilisierung der positiven Ladung möglich wird.

Schema 64

Auflösung von Benzoesäuren in konzentrierter Schwefelsäure

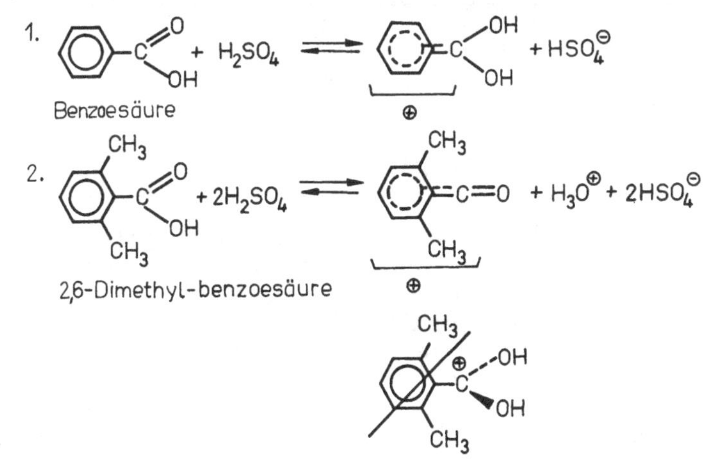

Die thermische *Decarboxylierung* von 2-Oxetanonen (β-Lactonen) ist eine Möglichkeit zur stereospezifischen Synthese von Olefinen und stellt eine unter Konfigurationserhalt verlaufende [2 + 2]-Cycloreversion dar (Schema 65).

Bei einem synchronen Ablauf der Decarboxylierung sollte dasjenige Lacton schneller reagieren, in dem die Alkylgruppe R_1 und der Aromat eine cis-Anordnung aufweisen, weil beim Übergang zum cis-Olefin durch die Winkelvergrößerung die Spannungen stärker vermindert werden als beim Übergang zum trans-Olefin. Der gegenteilige experimentelle Befund ($k_{trans} > k_{cis}$) und die elektronischen Einflüsse von p-Substituenten am Aromaten weisen jedoch auf eine zwitterionische ZS hin. Ist R_2 der Aromat,

Schema 65
Thermische Decarboxylierung von 2-Oxetanonen

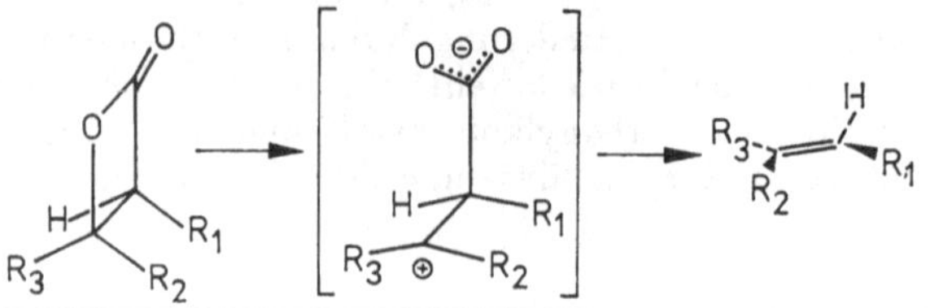

	R_1	R_2	R_3	$\frac{k\,(trans)}{k\,(cis)}$
1.	CH_3	H	C_6H_5	26
	CH_3	C_6H_5	H	
2.	$C(CH_3)_3$	H	C_6H_5	250
	$C(CH_3)_3$	C_6H_5	H	
3.	$C(CH_3)_3$	H	$4\text{-}H_3CO-C_6H_4$	1100
	$C(CH_3)_3$	$4\text{-}H_3CO-C_6H_4$	H	

dann verhindert bereits die benachbarte Methylgruppe ($R_1 = CH_3$) die koplanare Einstellung von $C^{\oplus}$ und Aromat, so daß die Konjugation gestört wird. Bei der trans-Anordnung (R_3 = Aryl) steht der Koplanarität mit dem $C^{\oplus}$ im Zwitterion nichts im Weg und die ZS ist energetisch begünstigt, wodurch der Geschwindigkeitsunterschied $k_{trans} > k_{cis}$ erklärlich wird. Besonders stark wirkt sich das im Fall 3 aus, wo in der cis-konfigurierten ZS der zusätzlich stark stabilisierende +M-Effekt der p-Methoxy-Gruppe nicht zum Tragen kommen kann.

Weitere Beispiele für die sterische Hinderung der Konjugation liefert die Untersuchung der *Basizität von Aminen und Phenolen* (Schema 66). Die relativ niedrige Basizität des N,N-Dimethylanilins (a) ist darin begründet, daß das freie Elektronenpaar am Stickstoff mit dem π-System des aromatischen Rings in Wechselwirkung tritt und damit Elektronendichte zum Ring hin verschoben wird. Sobald sich die p_z-Orbitale im Phenylring und das freie Elektronenpaar am Stickstoff nicht mehr parallel einstellen können, fällt die Einbeziehung des Elektronenpaares in die Delokalisierung weg und die Basizität des Amins erhöht sich. Dieser Sachverhalt wird bei dem Chinuclidin (b) beobachtet. Durch den Einbau der Partialstruktur $N-C_{Ar}=C_{Ar}$ in das bicyclische System wird der Benzenring in eine Lage gezwungen, bei der seine p_z-

Schema 66
Basizität von Aminen und Phenolaten

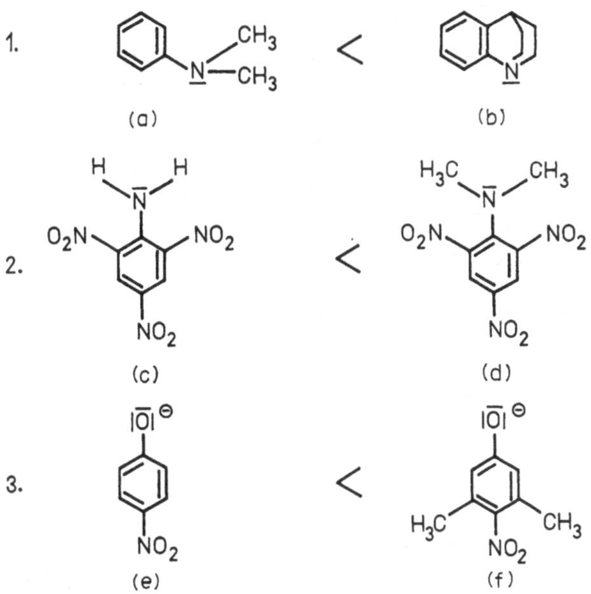

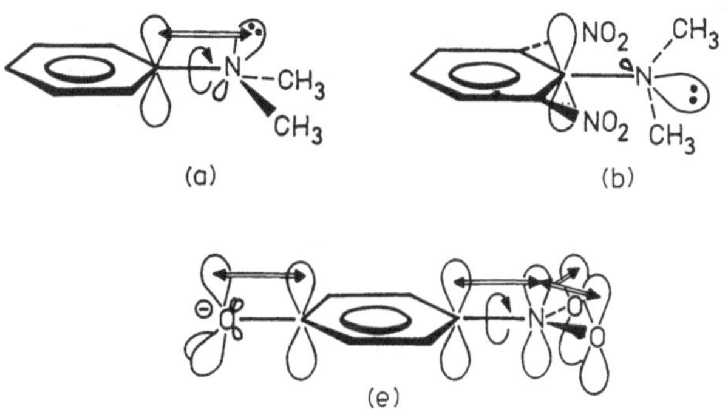

Orbitale senkrecht zur Richtung des freien Elektronenpaares am Stickstoff stehen.

Im 2,4,6-Trinitro-anilin (c) wird die Elektronendichte am N-Atom zusätzlich durch den ausgeprägten —M-Effekt der drei Nitrogruppen stark verringert, was die sehr geringe Basizität bewirkt. Dieser konjugative Einfluß kann sich aber im entsprechenden N,N-Dimethyl-Derivat (d) nicht mehr voll auswirken, weil sich die größeren Substituenten am Stickstoff und die zwei ortho-Nitrogruppen so stark behindern, daß eine parallele Einstellung des freien Elektronenpaares am Stickstoff und der aromatischen p_z-Orbitale unmöglich wird.

Am dritten Beispiel kann die Hinderung der mesomeren Substituentenwirkung gezeigt werden. Die geringe Basizität des p-Nitro-phenolats (e) beruht wieder auf der Einbeziehung des freien Elektronenpaares am Sauerstoff in das π-System des Phenylrings. Dieser Effekt wird durch die elektronenziehende Wirkung der Nitrogruppe verstärkt. Im 3,5-Dimethyl-Derivat (f) behindern sich die zwei Methylgruppen und die planare Nitrogruppe so weit, daß diese in eine Lage senkrecht zur Ringebene ausweicht, wodurch die Konjugation zwischen Nitrogruppe und Ring aufgehoben wird. Damit kann sich der —M-Effekt dieser Gruppe nicht mehr auf den Phenolatsauerstoff und seine Basizität auswirken.

Ein Einfluß der sterischen Hinderung der Konjugation auf die Reaktivität ist also bei solchen Reaktionen zu erwarten, in deren Ablauf Veränderungen in der Konjugation zwischen dem RZ und dem Restmolekül auftreten können. Das wird insbesondere dann der Fall sein, wenn die elektronische Umgruppierung im RZ die Bildung oder Zerstörung von Doppelbindungen, Kationen, Anionen oder Radikalen enthält. Damit wird schon deutlich, daß dieser Effekt sehr eng mit den elektronischen Umgruppierungen im Reaktionsverlauf zusammenhängt und kaum noch als „reiner" sterischer Effekt eingeordnet werden kann.

3.6. Veränderung der Gruppenhäufung

Eine Veränderung des Volumens von Substituenten wird immer dann auch die Reaktivität beeinflussen, wenn sich im Laufe der Reaktion

— deren Lage zueinander und
— die Koordinationszahl am RZ verändern.

Werden die Substituenten im geschwindigkeitsbestimmenden Schritt zusammengedrückt, dann sollte eine Vergrößerung ihres Volumens die Ausbildung des AK erschweren und damit die Reaktionsgeschwindigkeit verringern. Ein Auseinanderrücken der Substituenten beim Übergang zum geschwindigkeitsbestimmenden AK wirkt dementsprechend reaktionsfördernd. Wesentliche Ursache für die Änderung der Substituentenlagen sind *Änderungen der Bindungswinkel* im Reaktionsablauf, die die Umhybridisierungen am Reaktionszentrum begleiten. Besonders deutlich werden die Effekte beim Übergang von sp^2- und sp^3-Konfigurationen ineinander auftreten (Schema 67).

Schema 67

Beispiele für den Übergang sp^2 (120°) ↔ sp^3 (109,5°)

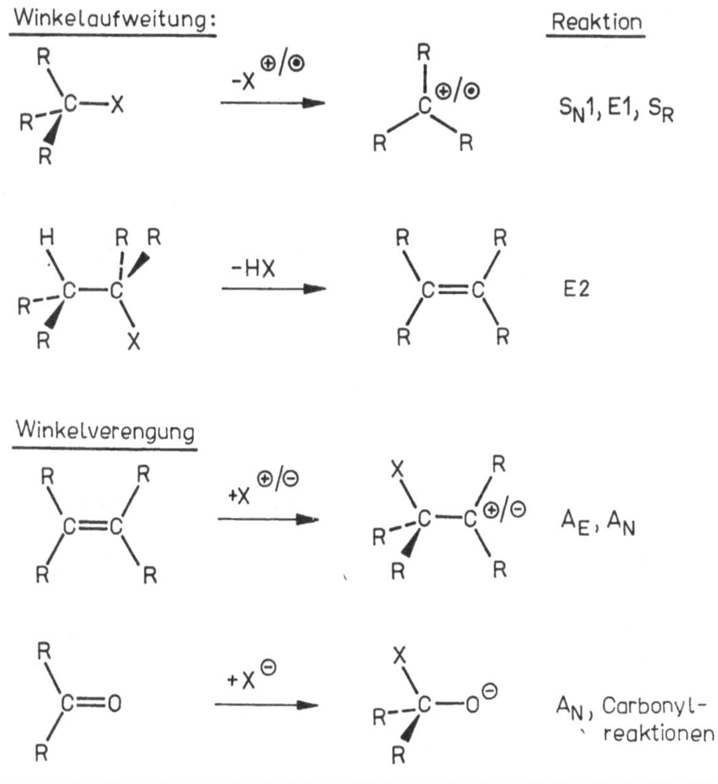

Da die Ursache für diese Reaktivitätsbeeinflussung auf der dem angreifenden Agens abgewandten Seite liegt, wird in der Literatur oft der Begriff „*back strain effect*" (B-strain-Effekt) benutzt.

Im Falle von *S_N1-Reaktionen* führt der geschwindigkeitsbestimmende monomolekulare Schritt zu einem Carbeniumion, wobei einmal die Koordinationszahl um das zentrale C-Atom von 4 auf 3 erniedrigt und gleichzeitig der Bindungswinkel von 109° auf 120° vergrößert wird. Folgerichtig müssen Volumenvergrößerungen eine Geschwindigkeitserhöhung bewirken (Schema 68). Die Ursache für die Erhöhung von k_{rel} kann kaum in der elektronisch stabilisierenden Wirkung der Alkylgruppen (+I-Effekt) liegen, weil der Substitutionsgrad erst am β-C-Atom erhöht wird.

Schema 68
Solvolyse von Halogenalkanen

1. Beeinflussung der Reaktionsgeschwindigkeit:
(80% Ethanol, 25 °C)

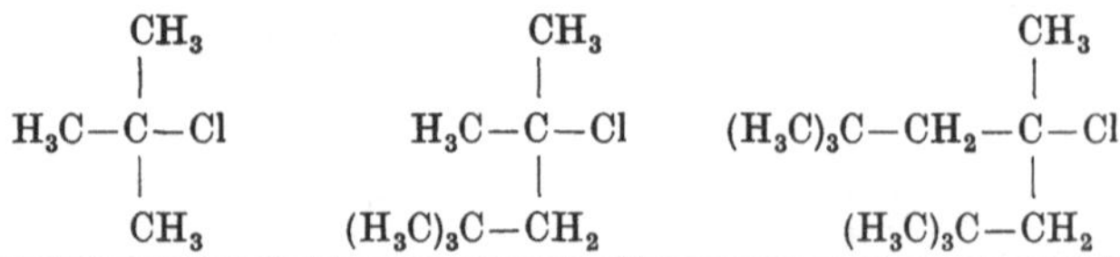

k_{rel}	1	21	500

2. Beeinflussung der Produktverteilung:

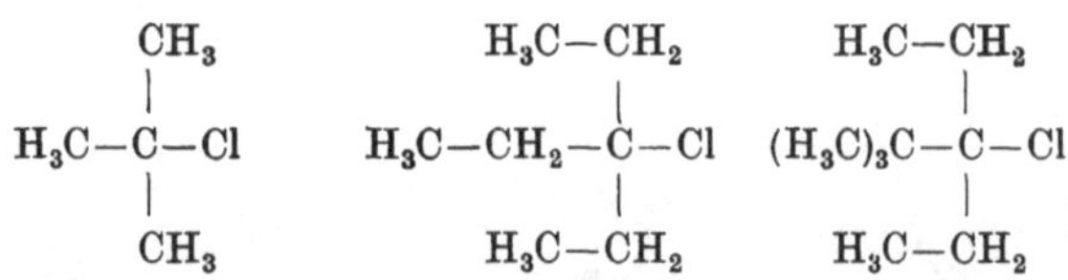

% Olefin	16	40	90

Die Verringerung der sterischen Spannung im geschwindigkeitsbestimmenden Dissoziationsschritt ist auch dafür verantwortlich, daß in den sterisch von vornherein anspruchsvolleren tertiären Substraten der S_N1- gegenüber dem S_N2-Mechanismus dominiert.

Ist der Substitutionsgrad sowohl am α- als auch am β-C-Atom sehr hoch, dann kann die Solvolyse von Halogenalkanen zu einem sehr hohen Anteil an Eliminierung führen (Schema 68). Dabei wird im Gegensatz zur Substitution die in der Carbeniumionenzwischenstufe erreichte Verringerung der sterischen Spannung im Produkt verstärkt und fixiert.

Ähnlich ist die Situation auch bei der *Bildung von Radikalen,* z. B. bei der Zersetzung von Persäureestern:

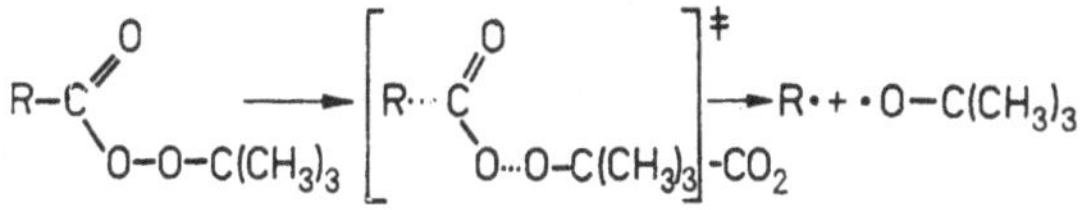

(13)

Sie erfährt eine sterische Beschleunigung, wenn R genügend voluminös wird. Schema 69 enthält die relativen Geschwindigkeitskonstanten für diese Reaktion und für die Zersetzung aliphatischer Diazoverbindungen.

Schema 69

Radikalbildung aus Perestern und Azoverbindungen

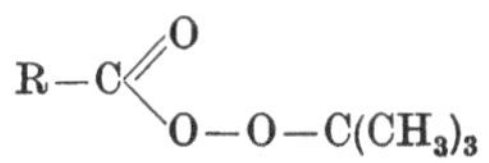

R–N=N–R

R	k_{rel}	$\Delta H^{\neq}$ (kcal/mol)	$\Delta S^{\neq}$ (cal/K · mol)	k_{rel}
iPr_3C	32	26,6	6,7	206
$tBuMe_2C$	4,1	27,2	4,6	5,3
tBu	1	28,3	5,3	1

Die Zunahme der Geschwindigkeitskonstante beim Übergang zu den voluminöseren Gruppen ist mit charakteristischen Änderungen der *Aktivierungsparameter* verbunden. Das zeigt, daß dieser sterische Effekt einen energetischen und einen entropischen Anteil hat. Der erstere beruht darauf, daß der Gewinn an Spannungsenergie beim Übergang vom sp^3-Edukt zum sp^2-ähnlichen AK um so größer ist, je größer diese im Edukt war. Ähnlich drückt sich in $\Delta S^{\neq}$ die Veränderung der Beweglichkeit im Molekülrumpf beim Übergang zu den reaktiven Zwischenstufen aus.

Die bisher besprochenen monomolekularen Reaktionen sind dadurch gekennzeichnet, daß ein Atom bzw. eine Atomgruppe aus dem Eduktmolekül abgespalten wird und sich dadurch auch die Spannung zwischen Molekülrumpf und Abgangsgruppe vermindert.

Dieses Herausdrängen einer geeigneten Abgangsgruppe aus einem sterisch gespannten Molekül als Teil der Wirkung der Veränderung der Gruppenhäufung wird auch als „*front strain effect*“ (F-strain-Effekt, vgl. aber auch Abschn. 3.3.) bzw. *Vorderseitenspannung* bezeichnet. Sowohl der B-strain- als auch der F-strain Effekt ist in diesem Sinne wirksam bei der Veränderung der freien Aktivierungsenthalpie in der *Thermolyse von Alkanen* nach

$$R^1R^2R^3C{-}CR^1R^2R^3 \rightarrow 2\,R^1R^2R^3C\cdot \tag{14}$$

(vgl. Abschn. 5.4.).

Das Triisopropylmethylradikal wird — wie andere hochsubstituierte Radikale, die in Lösung vor allem aus sterischen Gründen eine längere Lebensdauer als Methylradikale aufweisen — zu den *persistenten Radikalen* gerechnet [26]. Aus den Kohlenwasserstoffen **5**, **6** und **7** lassen sich durch H-Abstraktion mittels Kalium-tert-butanolat sehr leicht ebenfalls persistente Radikale erzeugen.

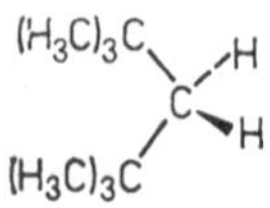

5

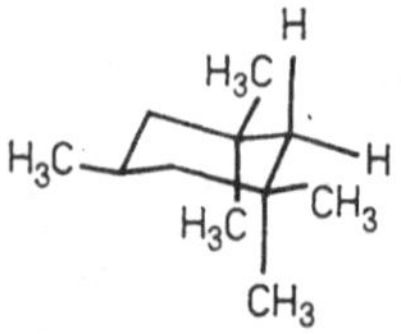

6

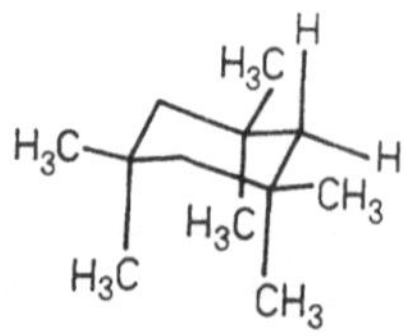

7

Die Halbwertszeiten $t_{1/2}$ für den Zerfall dieser Radikale liegen bei 60 (**5**), 250 (**6**) bzw. 1000 (**7**) Sekunden.

Bei *S_N2-Reaktionen* wird im geschwindigkeitsbestimmenden Schritt ein AK durchlaufen, der bei gleichzeitiger Bindungswinkelaufweitung zwischen den drei verbleibenden Substituenten durch eine Erhöhung der Koordinationszahl von 4 auf 5 charakterisiert ist:

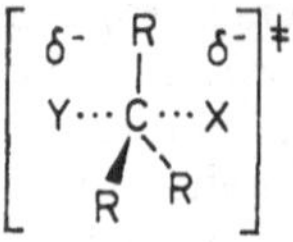

8

Die Erhöhung der Gruppenhäufung im AK ist verantwortlich dafür, daß bei Vergrößerung der Substituenten am zentralen C-Atom die gleichzeitige Überlappung zwischen Y··· C und C··· X und damit die Stabilisierung des AK verringert wird. Dementsprechend tritt hier mit der Vergrößerung der Substituenten eine Verringerung der Reaktionsgeschwindigkeit ein.

Das Beispiel der FINKELSTEIN-*Reaktion* (Schema 70) ist wieder so gewählt, daß elektronische Einflüsse der Alkylgruppen praktisch keine Rolle spielen sollten, weil die Strukturvariation erst am β-C-Atom einsetzt. Bei aufmerksamer Betrachtung wird allerdings auffallen, daß diese Reaktion auch mit gleicher Berechtigung im Abschnitt „Volumeneffekte" behandelt werden könnte, weil offensichtlich auch die sterische Hinderung des angreifenden Agens (F-strain) im bimolekularen Schritt als entscheidend für die Geschwindigkeitsdämpfung betrachtet werden kann.

Schema 70
FINKELSTEIN-Reaktion

$$R{-}Br + I^{\ominus} \longrightarrow R{-}I + Br^{\ominus}$$

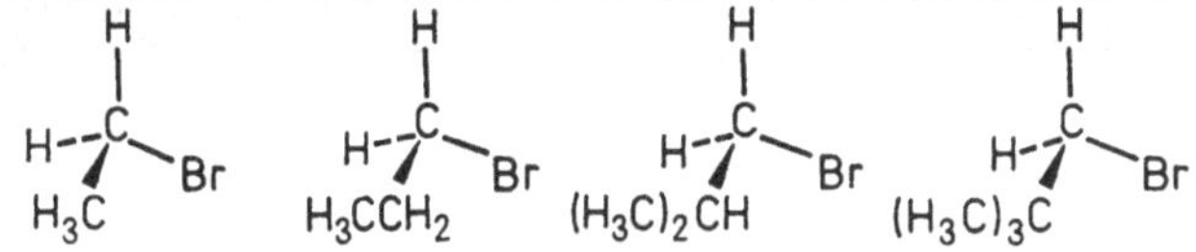

k_{rel}:	1	$8{,}2 \cdot 10^{-1}$	$3{,}6 \cdot 10^{-2}$	$1{,}2 \cdot 10^{-5}$

Bei *Carbonylreaktionen* ist der geschwindigkeitsbestimmende Schritt oft der Angriff des Nukleophils auf das Carbonyl-C-Atom:

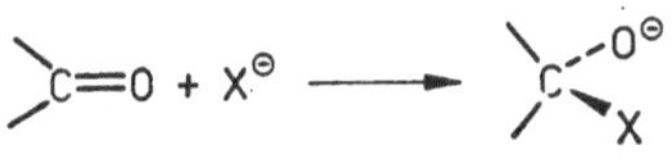

(15)

Dabei geht dieses Atom vom trigonal-ebenen sp²- in den tetraedrischen sp³-Zustand über, d. h. die Bindungswinkel verringern sich, und die Koordinationszahl wird auf 4 erhöht. Vergrößerung von Substituenten bewirkt deshalb eine Verringerung der Reaktionsgeschwindigkeit.

So werden allgemein geringere Geschwindigkeitskonstanten für Carbonylreaktionen beim Übergang vom Aceton zum Methyl-tert-butyl-keton beobachtet. In diesem Fall liegt die Ursache kaum in der sterischen Hinderung des primär angreifenden Nukleophils im

Sinne eines Volumeneffektes, weil in der trigonal-ebenen Konfiguration um das Carbonyl-C-Atom die betrachteten Substituenten einen Angriff senkrecht auf die Molekülebene nur wenig abschirmen.

Der geschwindigkeitsbestimmende Schritt bei der sauren *Hydrolyse von Carbonsäureestern* (Schema 71) zeigt die gleichen sterischen Veränderungen wie im letzten Beispiel. Diese müssen die Ursache für die beobachteten Geschwindigkeitsunterschiede sein. Die tert-Butyl-cyclohexansysteme wurden gewählt, weil die tert-Butylgruppe als Konformationsanker das Umklappen des Cyclohexanringes verhindert und damit eindeutige sterische Bedingungen schafft. Daß in den Fällen (1.) und (2.) die trans- schneller als die cis-Formen reagieren, wird sofort verständlich, wenn die 1,3-Wechselwirkungen zwischen der axialen Carbonylgruppe —X und den entsprechenden H-Atomen in der cis-Konfiguration des Cyclohexansystems berücksichtigt werden. Sie verstärken sich beim Übergang zur tetraedrischen Zwischenstufe durch das damit verbundene Zusammenpressen der Substituenten um das Reaktionszentrum C und erschweren die Hydrolyse der cis-Form.

Allerdings ist nur im Falle cis-(1.) das Reaktionszentrum unmittelbar am Cyclohexanring gebunden und damit direkt der 1,3-Wechselwirkung ausgesetzt. In der Verbindung cis-(2.) ist das Reaktionszentrum über den Sauerstoff an den Ring geknüpft, deshalb bewirkt die Bindungswinkelverringerung am Carbonyl-Kohlenstoff eine wesentlich geringere Verstärkung der sterischen Spannungen in der Zwischenstufe als in cis-(1.). Daher ist auch der Geschwindigkeitsunterschied zur trans-Form für (2.) bedeutend kleiner als für (1.).

Die *Additionsreaktionen an die Carbonyldoppelbindung* substituierter Cyclohexanone, bei denen die sp^3-Hybridisierung des ursprünglichen Carbonylkohlenstoffs im Produkt erhalten bleibt, zeigen die gleichen Zusammenhänge (Schema 72). Neben der Verkleinerung der Bindungswinkel beim Übergang zu den Additionsprodukten spielt die im vorigen Beispiel angeführte 1,3-Wechselwirkung sowohl bei der Beeinflussung der Reaktionsgeschwindigkeit als auch der Produktverteilung eine Rolle.

Die Einführung einer bzw. zweier Methylgruppen in der 3-Position führt zu einer drastischen Verringerung der Geschwindigkeit der Addition der Nucleophile $HSO_3^{\ominus}$ bzw. Hydroxylamin, weil durch den äquatorialen Angriff die Sauerstoffunktion ihre Lage in Richtung der 3-Substituenten verändern muß.

Schema 71
Hydrolyse von Estern

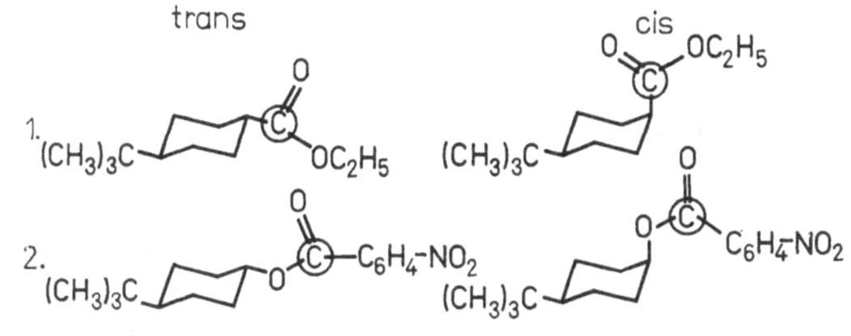

geschwindigkeitsbestimmender Schritt:

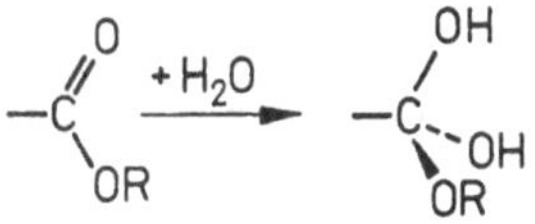

	k_{trans}/k_{cis}
1.	22
2.	2,5

1,3-Wechselwirkungen in der cis-Form

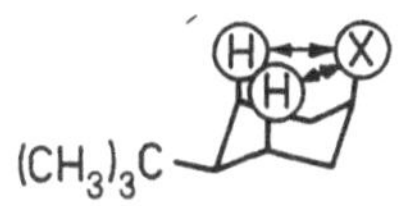

Diese Reaktion der Cyclohexanone läßt gleichzeitig auch einen F-strain-Effekt erkennen, der sich in einer Veränderung der Produktverteilung beim Angriff von Metallorganoverbindungen äußert (Schema 72). Bereits die beiden H-Atome in 3-Stellung zur Carbonylgruppe bewirken, daß die Metallorganoverbindung bevorzugt von der Seite der geringsten Behinderung, also von der (e)-Position (**9**) angreift und damit der (a)-Alkohol dominiert. Wird das angreifende Agens z. B. durch Zugabe von $LiClO_4$ und dadurch bewirkte Komplexbildung (**10**) vergrößert, so nimmt der Anteil an (a)-Alkohol weiter zu (für das 4-tert-Butylcyclohexanon auf 92%).

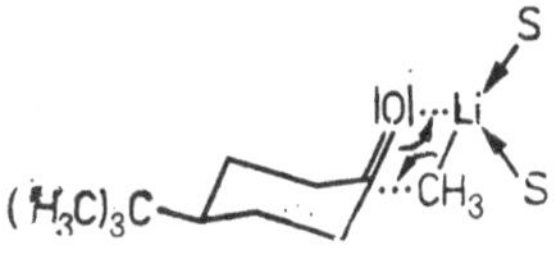

9

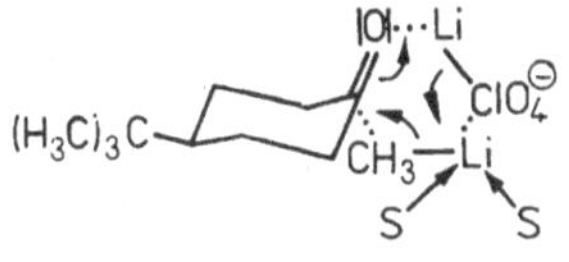

10

Schema 72
Additionen an substituierte Cyclohexanone

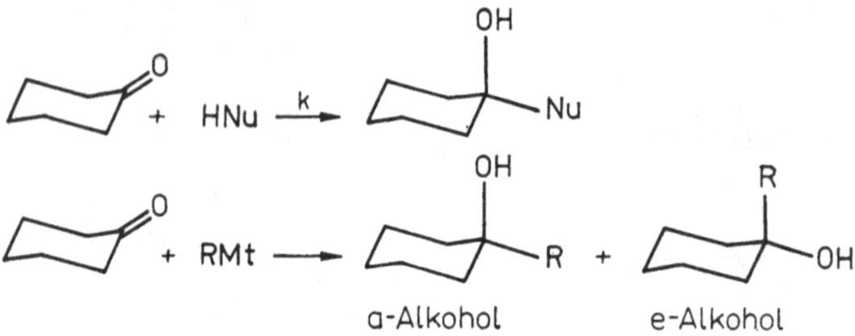

Keton	HNu: $HSO_3^{\ominus}$ $k \cdot 10^3 mol^{-1}s^{-1}$	NH_2OH $k \cdot 10^{-3} mol^{-1}s^{-1}$	RMt: CH_3Li %a	%e	$(CH_3)_2Mg$ %a	%e
	142	10,4	65	35	62	38
	–	–	88	12	80	20
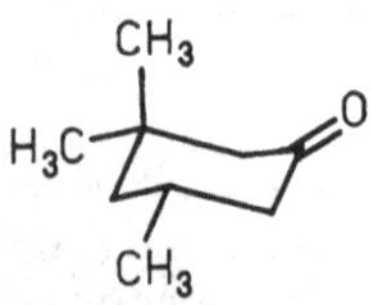	17,8	0,98	100	0	85	15
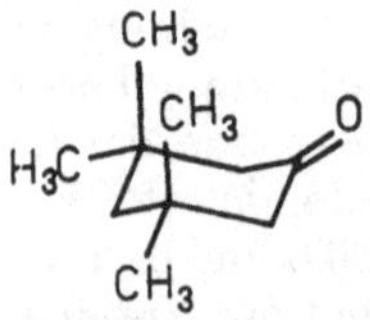	3,93	0,60	–	–	–	–

Die letzten Beispiele zeigen, daß die Erhöhung der sterischen Spannungen beim Übergang zu einer Konfiguration mit kleineren Bindungswinkeln nicht nur durch Volumenvergrößerung von Substituenten am Reaktionszentrum sondern im Falle fixierter Geometrien bei gleicher Substituentengröße auch durch Unterschiede in den nichtbindenden Wechselwirkungen zwischen den Substituenten bzw. zwischen Substituenten und Reaktionszentrum hervorgerufen werden können. Gleichzeitig wird klar, daß die Abgrenzung der Effekte außerordentlich problematisch ist.

3.7. *Intramolekulare Reaktivität*

Befinden sich die zwei RZ eines bimolekularen Elementarprozesses nicht in getrennten Molekülen, sondern sind sie Bestandteile eines Molekülgerüstes, dann hat neben den übrigen sterischen Effekten die Struktur des gemeinsamen Molekülgerüstes einen entscheidenden Einfluß darauf, wie leicht sich die beiden RZ soweit nähern, daß die mit der Reaktion verbundenen elektronischen Umgruppierungen einsetzen können. Der Einfluß des Molekülgerüstes wird am deutlichsten, wenn *end-to-end-Cyclisierungen* [27] untersucht werden.

Eine intramolekulare Reaktion setzt die räumliche Nähe der RZ voraus. Deshalb ist die intramolekulare Säureanhydridbildung in der Maleinsäure und der cis-Cyclopropandicarbonsäure leicht möglich, während sie in den entsprechenden trans-Isomeren nicht beobachtet wird. Allerdings ist hier auch das Molekülgerüst durch die Doppelbindung bzw. den Dreiring sterisch fixiert, wodurch die RZ in der für die intramolekulare Wechselwirkung ungünstigen antiperiplanaren bzw. anticlinalen Anordnung festgehalten werden.

Die Analyse des *thermischen Verhaltens von gesättigten Dicarbonsäuren* $HOOC-(CH_2)_x-COOH$ läßt einen weiteren Aspekt erkennen (Schema 73). Intramolekulare Cyclisierungen gibt es erst ab der Bernsteinsäure ($x = 2$), wobei zunächst die inneren Säureanhydride ($x = 2, 3$) und dann die cyclischen Ketone ($x = 4, 5$) gebildet werden. Ab $x = 6$ dominiert die intermolekulare Bildung von linearen polymeren Säureanhydriden. Offensichtlich ist die intramolekulare Bildung von fünf- und sechsgliedrigen Ringen relativ leicht möglich. Im Falle von $x = 4, 5$ kann der Fünf- bzw. Sechsring allerdings erst nach Abspaltung einer CO_2-Gruppe und durch direkte C—C-Verknüpfung erhalten werden. Daß beide Ringe trotzdem gebildet werden, beweist die Bevorzugung dieser Ringgröße, die die Grundlage einer großen Zahl weiterer Reaktionen ist (z. B. Bildung von Chelatringen, Synthese von 5- und 6-Ringheterocyclen, Oxo-cyclo-Tautomerie bei Kohlenhydraten).

Damit wird auch verständlich, warum sich in saurer Lösung aus Ethan-1,2-diol sehr leicht Dioxan bildet, während das Oxiran auf diesem Wege nicht entsteht (Schema 74). Die thermodynamischen

Schema 73
Thermisches Verhalten der Dicarbonsäuren $HOOC-(CH_2)_x-COOH$

x	Säure		Produkte der thermischen Behandlung
0	Oxal-	COOH | COOH	$CO_2 + CO + H_2O$
1	Malon-	H_2C < COOH COOH	$H_3C-COOH + CO_2$
2	Bernstein-	$H_2C-COOH$ | $H_2C-COOH$	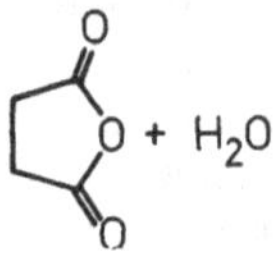
3	Glutar-	H_2C < CH_2-COOH CH_2-COOH	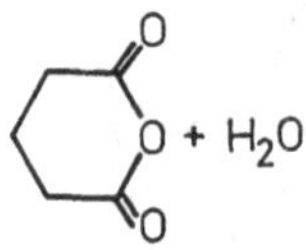
4	Adipin-	H_2C-CH_2-COOH | H_2C-CH_2-COOH	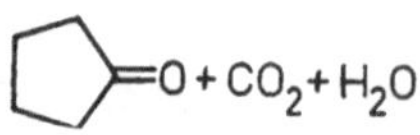
5	Pimelin-	H_2C < CH_2-CH_2-COOH CH_2-CH_2-COOH	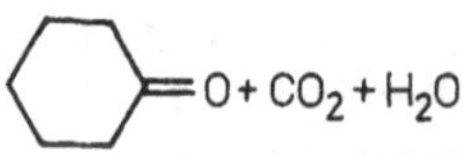
6	Suberin-	$H_2C-CH_2-CH_2-COOH$ | $H_2C-CH_2-CH_2-COOH$	$-O-[-CO-(CH_2)_6-CO-O-]-_y + y\,H_2O$

Reaktionsgrößen zeigen, daß das Oxiran gegenüber dem Dioxan deshalb benachteiligt ist, weil bei der Ringbildung hohe Spannungsenergien aufgebracht werden müssen ($\Delta_R H^\ominus$ stark positiv), die den reaktionsfördernden Entropieeinfluß (Gewinn an Translationsfreiheitsgraden beim Oxiran größer als beim Dioxan!) weit überkompensieren.

Es zeigt sich, daß beim Übergang zu größeren Ringen die Ringspannung und damit $\Delta_R H^\ominus$ allein nicht ausreicht, um die *Ringbildungstendenz* zu beschreiben (Schema 75). Für die Ringschluß-

Schema 74
Bildung von Dioxan

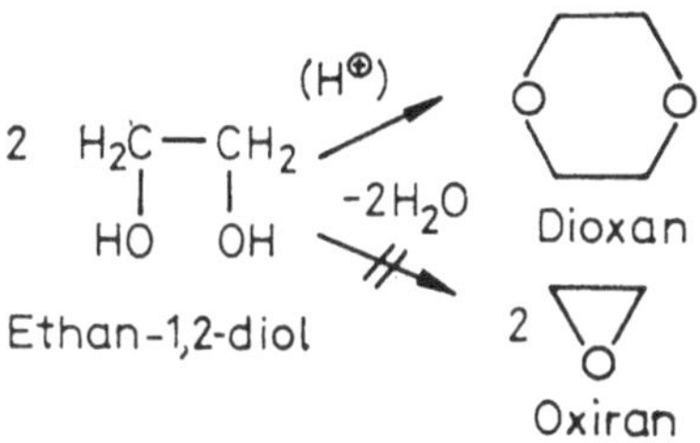

$\Delta_R G^\ominus$ (kJ/mol)	$\Delta_R S^\ominus$ (J/mol·K)	$\Delta_R H^\ominus$ (kJ/mol)
−29,3	+30,1	−20,1
+125	+213	+188

(im Gaszustand)

reaktion zeigt $\Delta_R H^\ominus$ das für Angaben von Spannungsenergien charakteristische Minimum bei n = 6. Eindeutig ist die Destabilisierung der kleinen Ringe (n = 3, 4) aufgrund der BAYER-Spannung zu erkennen. Die zunehmenden transanularen Wechselwirkungen (PRELOG-Spannung) bewirken den schwächeren Energieanstieg beim Übergang zu den mittleren Ringen (n = 8··· 12). Erst bei Ringen mit n > 14 ist die konformative Beweglichkeit so wenig behindert wie in einem vergleichbaren offenkettigen Alkan. Schema 75 enthält auch die Spannungsenergien E, die sich aus dem Vergleich der Bildungsenthalpien des realen Cycloalkans mit denen eines entsprechenden hypothetischen spannungsfreien Cycloalkans ergeben (vgl. Abschn. 3.8. und 5.4.). $\Delta_R H^\ominus$ und E laufen parallel.

Die Reaktionsentropie ist wegen der Bildung zweier Produktmoleküle aus einem Eduktmolekül positiv. Den Entropieeinfluß des Ringschlusses kann man nach Gl. (16) erhalten:

$$\Delta S_{cy} = \Delta_R S^\ominus - S^\ominus_{H_2} = S^\ominus_{Cycloalkan} - S^\ominus_{Alkan} \qquad (16)$$

Die Werte von ΔS_{cy} in Schema 75 werden beim Übergang von n = 3 zu n = 6 stärker negativ und kompensieren damit partiell die Abschwächung der Spannungsenergie. Mit steigender Zahl der C-Atome wächst in den offenkettigen Kohlenwasserstoffen die Zahl der Schwingungsfreiheitsgrade sowie die Zahl der Freiheitsgrade der inneren Rotation und damit ihr Beitrag zur Entropie stark an. Ein Ringschluß bedeutet aber in den Ringen mit n < 14 eine starke bzw. partielle Einschränkung der Bewegungsmöglichkeiten (Erhöhung der Schwingungskraftkonstanten und Rotationsbarrieren), die um so stärker in Erscheinung tritt, je umfangreicher

Schema 75
Thermodynamik der Ringbildung

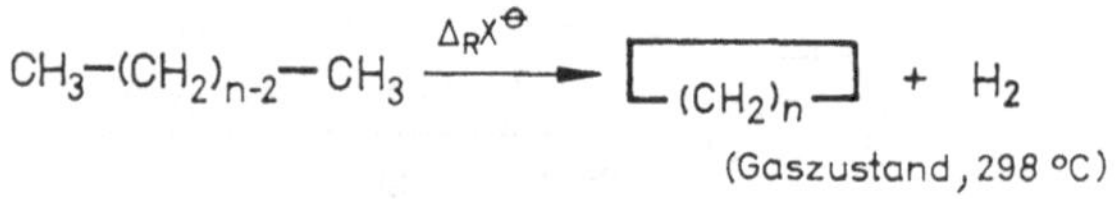

$\Delta_R X^\ominus$	*n* 3	4	5	6	7	8	9	10	11	12
$\Delta_R H^\ominus$ (kJ/mol)	157	153	69,2	44,1	68,5	82,6	95,9	95,4	90,9	60,6
$\Delta_R S^\ominus$ (J/mol · K)	98,1	85,9	74,6	40,4	45,0	30,7				
$\Delta_R G^\ominus$ (kJ/mol)	128	127	46,9	32,1	55,1	73,5				
E* (kJ/mol)	115	111	26,4	0,8	26,8	41,4	53,6	52,7	48,5	18,4
ΔS_{Cy}^{**} (J/mol · K)	−32,5	−44,7	−56,0	−90,2	−85,6	−100				

* Spannungsenergie nach COX und PILCHER
**) $\Delta S_{cy} = S^\ominus$ (Cycloalkan) − $S^\ominus$ (n-Alkan)

die Bewegungsmöglichkeiten vorher vorhanden waren. Erst wenn die Ringe auch selbst wieder flexibler werden, wird die negative Cyclisierungsentropie geringer, um schließlich den Grenzwert von etwa $-60\ J \cdot K^{-1} \cdot mol^{-1}$ (abgeschätzt für $n = 30$) zu erreichen.

Die Untersuchung realer *Gleichgewichte zwischen offenkettiger und cyclischer Struktur* kann auch eine Bevorzugung der Bildung des entropiebegünstigten Fünf- gegenüber der des Sechsringes ergeben, wie sie sich auch bei der Bevorzugung der Ausbildung eines Fünfring-AK in den Geschwindigkeitskonstanten (s. u.) wiederfindet. So liegt, wie Schema 76 zeigt, das Gleichgewicht im 5-Chlor-pent-1-ylium-System nicht auf der Seite des von der Enthalpie begünstigten Sechsrings, sondern auf der Seite der Kette. Umgekehrti st im 4-Chlor-but-1-ylium-System der Fünfring thermodynamisch begünstigt.

Bei Ringschlußreaktionen gelten diese Überlegungen nicht nur für die Reaktionsgrößen, sondern im Prinzip auch — wie schon angedeutet — für die *Geschwindigkeitskonstanten*, weil im AK des Ringschlusses die reaktiven Endgruppen der Kette schon zusammengeführt werden müssen und damit für $\Delta G^{\neq}$ die diskutierten, gleichzeitig wirkenden Einflüsse von Ringspannung und Entropie Gültigkeit haben. Das zeigen z. B. die Bildungsgeschwin-

Schema 76
Beispiel für Ring-Ketten-Gleichgewichte

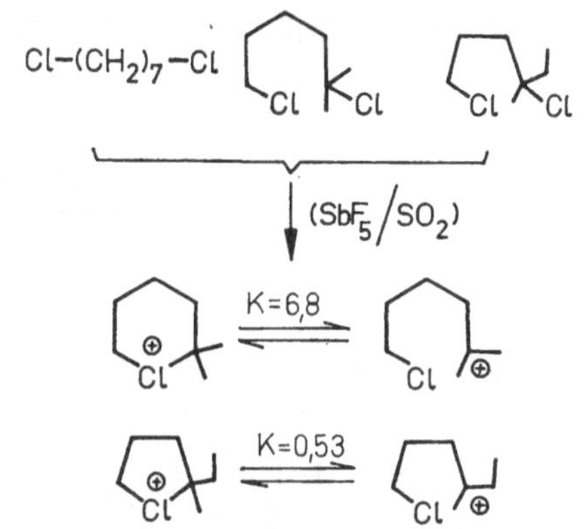

digkeiten der Polymethylenimine (Schema 77). Besonders schnell werden wieder die Fünf- und Sechsringe gebildet. Bei den mittleren Ringen (n = 8 ··· 11) wird der wachsende Entropieeinfluß durch die auch schon im AK spürbaren transanularen Wechselwirkungen verstärkt, was zu dem Geschwindigkeitsminimum führt.

Schema 77
Relative Bildungsgeschwindigkeit von Polymethyleniminen

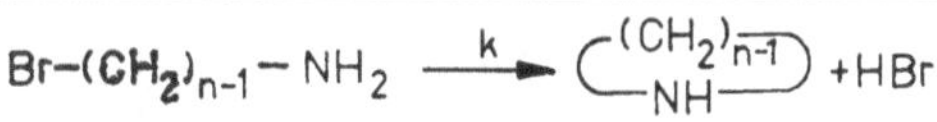

n	3	4	5	6	7	8	10	12	15
lg k_{rel}	0,08	−1,77	3,00	1,22	−1,48	–	−8,48	−5,77	−4,48

Das Geschwindigkeitsmaximum bei n = 5 wird bei einer großen Zahl von Ringschlußreaktionen gefunden. Die weitere Abstufung der Reaktivität im Bereich n = 3 ··· 12 wird aber sehr stark davon bestimmt, ob im geschwindigkeitsbestimmenden Schritt

— neben der Ringbildung auch Umhydridisierungen an den Reaktionszentren stattfinden (s. Abschn. 3.8.),
— wegen der stereoelektronischen Kontrolle bestimmte Anordnungen erzwungen werden bzw.
— Umsolvatationen vor sich gehen,

wodurch sowohl die Aktivierungsenthalpie als auch die -entropie gerade in diesem Ringgrößenbereich modifiziert werden können. Allgemein kann mit folgender Abstufung der Geschwindigkeitskonstanten mit der Zahl der Ringglieder n gerechnet werden:

$$3 > 4 < 5 > 6 > 7 > \cdots$$

Für die Bildung von Ringen mit n > 12 zeigen viele Reaktionen dagegen übereinstimmende Reaktivitätsveränderungen: Die Geschwindigkeitskonstante steigt leicht an bzw. erreicht einen Grenzwert, wobei die Aktivierungsenthalpie wegen der endgültigen Ab-

Schema 78
Intramolekularer Ringschluß durch Eliminierung

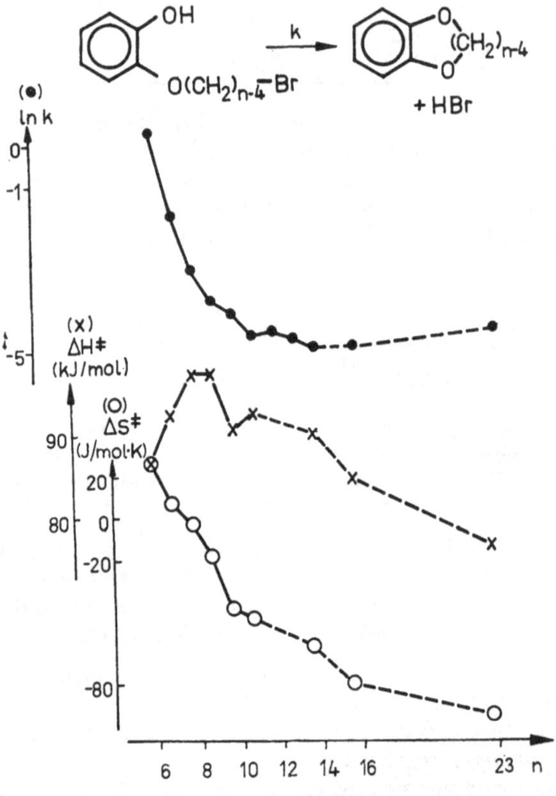

nahme der Ringspannung fällt und die Aktivierungsentropie wegen der immer geringer werdenden Wahrscheinlichkeit für das Zusammentreffen der beiden Kettenenden im AK mit wachsender Kettenlänge stärker negativ wird, wie das Beispiel in Schema 78 zeigt. Der enthalpische und der entropische Beitrag zur Geschwindigkeit sind in ihrer Tendenz einander entgegengerichtet und führen zu der nur geringen Veränderung von k für große n.

Die Cyclisierung als intramolekulare Konkurrenz zur intermolekularen Reaktion der Kettenenden zweier verschiedener Moleküle wird um so wahrscheinlicher, je geringer die Konzentration der bifunktionellen Moleküle ist. Darauf beruht das RUGGLI-ZIEGLER*sche Verdünnungsprinzip* zur Synthese mittlerer und großer Ringe.

Die Analyse eines umfangreichen empirischen Materials führte zur Formulierung der BALDWIN-*Regeln* über die Bevorzugung bzw. Benachteiligung von Ringschlußreaktionen gegenüber alternativen Reaktionsmöglichkeiten [28], die gerade den Bereich der kleinen

Schema 79
Regeln für Ringschlußreaktionen nach BALDWIN

exo-Ringschluß:

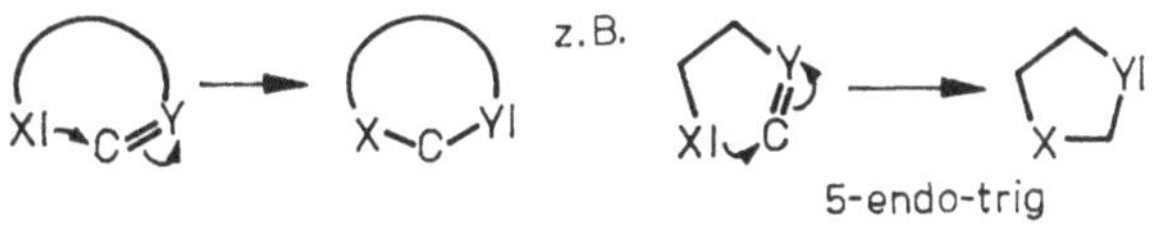

endo-Ringschluß:

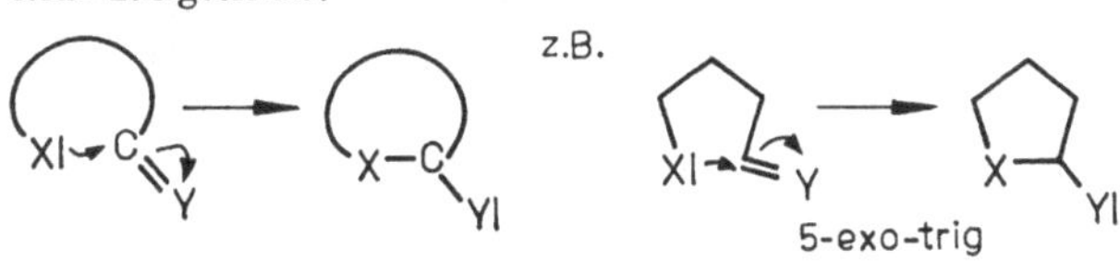

Regeln für die bevorzugte Ringgröße:

Ringschluß	Bevorzugung	Reaktionszentrum: tet	trig	dig
exo	+	3···7	3···7	5···7
	–			3,4
endo	+		6,7	
	–	5,6	3···5	3···7

+ = Ringschluß bevorzugt; – = Ringschluß benachteiligt

und normalen Ringe (n = 3··· 7) erfassen und von den sterischen Anforderungen an die AK beim nukleophilen Angriff eines Kettenendes X (X ist ein Element aus der 2. Periode des PSE, z. B. N, O) auf das Reaktionszentrum –C–Y, –C=Y bzw. –C≡Y am anderen Kettenende ausgehen. Dabei wird ein exo-Angriff von X auf das tetraedrische (–C<, tet), trigonal-ebene (–C<<, trig) bzw. lineare (–C≡, dig) C-Atom des Reaktionszentrums vom endo-Angriff des X auf das C-Atom des Reaktionszentrums unterschieden (Schema 79).

Die Bezeichnung 5-exo-trig kennzeichnet einen Ringschluß unter exo-Angriff auf ein sp^2-C-Atom unter Ausbildung eines Fünfringes. Die Regeln für die Bevorzugung bzw. Benachteiligung dieser alternativen Ringschlußtypen sind ebenfalls im Schema 79 zusammengestellt.

Ein Beispiel soll die Brauchbarkeit der Regeln belegen (Gl. (17)):

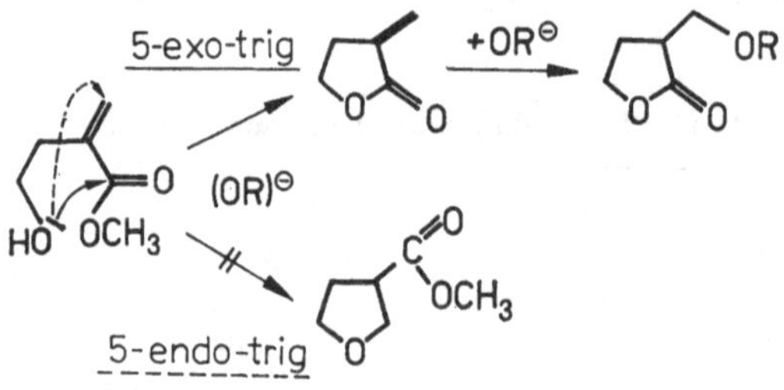

(17)

In basischer Lösung wird von den alternativen Ringschlußreaktionen in Übereinstimmung mit den Regeln nur der exo-Prozeß realisiert. Die BALDWIN-Regeln konnten auch zur Diskussion von Reaktionen herangezogen werden, in denen X elektrophilen bzw. radikalischen Charakter besitzt.

Einen besonderen Aspekt intramolekularer Reaktivität stellen die *transanularen Wechselwirkungen* dar, deren Ursache darin zu finden ist, daß in den bevorzugten Konformationen der mittleren Ringe (n = 8··· 12) Gruppen, die einander im Ring gegenüberliegen, so weit in das Ringinnere gerichtet werden, daß sie sich gegenseitig behindern (PRELOG-Spannung) bzw. miteinander reagieren können. Deshalb werden bei den mittleren Ringen *transanulare Reaktionen* gefunden, die weder bei den normalen noch bei den großen Ringen auftreten (Schema 80) und zum Teil zu Bicyclen mit 5- bzw. 6-Ringpartialstrukturen führen.

Schema 80
Beispiele für transanulare Reaktionen

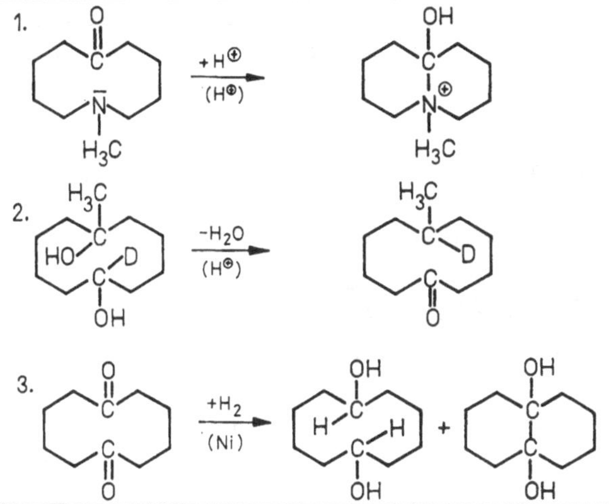

Die räumliche Nähe weiterer geeigneter Gruppen zum Reaktionszentrum in einem Molekül kann zur *Nachbargruppenbeteiligung* [29] führen. Darunter werden im allgemeinen zwei unterschiedliche Effekte auf das Reaktionszentrum verstanden, die die Nachbargruppe selbst chemisch unverändert lassen:

a) Die Geschwindigkeit der Reaktion am Reaktionszentrum wird erhöht, indem die Nachbargruppe die elektronische Veränderung bei der Bildung des geschwindigkeitsbestimmenden AK durch elektronische Mitwirkung von der Rückseite her unterstützt (*anchimere Beschleunigung*).
b) Durch die Wechselwirkung der Nachbargruppe mit dem Reaktionszentrum wird die eine Seite des Reaktionszentrums räumlich abgeschirmt bzw. elektronisch beansprucht, weshalb der Angriff eines Agens von der der Nachbargruppe abgewandten Seite bevorzugt erfolgt (*dirigierende Wirkung der Nachbargruppe*).

Aus dem umfangreichen experimentellen Material insbesondere zu *nukleophilen Substitutionen* sollen zwei Beispiele das Gesagte belegen. Die vergleichsweise hohe Hydrolysegeschwindigkeit des 1-(Dimethylamino)-2-chlor-ethans (Schema 81) kann nicht mit dem elektronischen Einfluß der Aminogruppe erklärt werden, sondern muß auf die anchimere Beschleunigung der Abspaltung des nukleofugen Chlors durch die entropiebegünstigte intramolekulare nukleophile Substitution durch die Aminogruppe unter Ausbildung einer Dreiringzwischenstufe zurückgeführt werden. Die letztere wird in einem schnellen Folgeschritt durch die intermolekulare Substitution mit dem Agens zum Produkt gespalten.

Schema 81
Anchimere Beschleunigung bei der Hydrolyse von Chloralkanen

$$H_3C-CH_2-CH_2-Cl \xrightarrow[-Cl^{\ominus}]{+OH^{\ominus}} H_3C-CH_2-CH_2-OH \qquad \frac{k_{rel}}{1}$$

$$(H_3C)_2N-CH_2-CH_2-Cl \xrightarrow[-Cl^{\ominus}]{+OH^{\ominus}} (H_3C)_2N-CH_2-CH_2-OH \qquad > 10^3$$

Mechanismus:

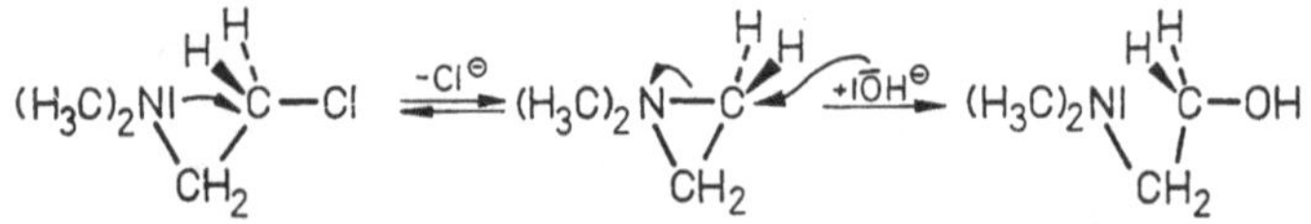

Diese anchimere Beschleunigung wird immer dann zu erwarten sein, wenn sich nukleophile Gruppen (z. B. $-SCH_3$, $-N(CH_3)_2$, $-COOH$, $-COOCH_3$, $-Hal$) freibeweglich in einem solchen Abstand vom Reaktionszentrum befinden, daß bei der Wechselwirkung mit diesem Drei-, Fünf- bzw. Sechsringe gebildet werden können. Auch die schon besprochene Beschleunigung der Solvolyse bicyclischer Tosylate durch eine Doppelbindung in günstiger räumlicher Anordnung (s. Schema 42) kann als anchimere Beschleunigung eingeordnet werden.

Die dirigierende Wirkung einer Nachbargruppe wird schon im Schema 81 deutlich: Durch die zwei aufeinanderfolgenden Substitutionsreaktionen mit jeweils Inversion der Konfiguration führt die Hydrolyse bei einem Edukt mit einem chiralen Reaktionszentrum zu einem Produkt mit Retention der Konfiguration. In Schema 82 wird ein präparativ interessantes Beispiel für die dirigierende Wirkung einer Estergruppe vorgestellt. Bei der Alkoholyse der Halogenose ohne die Estergruppe in 5-Stellung würde nur das β-Glycosid gebildet. In Anwesenheit der Estergruppe bildet sich durch Nachbargruppenbeteiligung eine bicyclische Zwischenstufe, die durch nukleophilen Angriff bevorzugt aus der α-Richtung (Inversion!) wieder geöffnet wird und dadurch das α-Glycosid zum Hauptprodukt macht.

Schema 82
α-dirigierende Wirkung einer Estergruppe

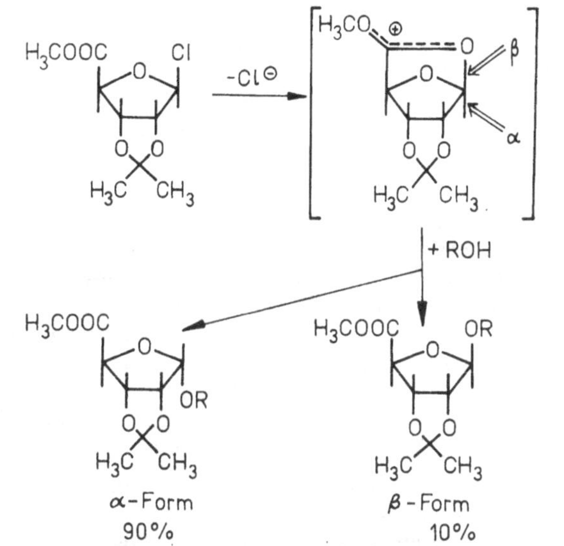

Für die *pericyclischen Reaktionen* ist die Ausbildung cyclischer AK charakteristisch. Die ohnehin schon hohen sterischen Anforderungen an diese AK werden noch verschärft, wenn z. B. intramolekulare Cycloadditionen oder sigmatrope Umlagerungen unter Einbeziehung eines Ringsystems ablaufen. Solche Reaktionen können zu hochstereoselektiven Syntheseschritten in Totalsynthesen genutzt werden. So zeigt Gl. (18) ein Beispiel, wie durch eine CLAISEN-Umlagerung hochstereoselektiv die Chiralität des Ringatoms 4 auf das Atom 6 übertragen werden kann.

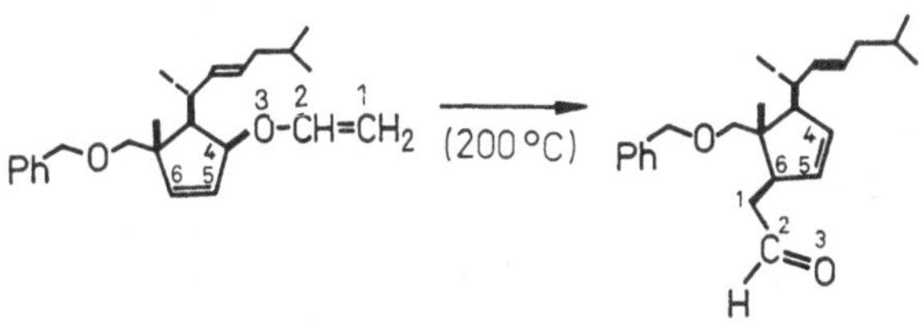

(18)

Ein weiteres Beispiel für *Chiralitätstransfer* durch eine intramolekulare CLAISEN-Umlagerung wird im Schema 108 vorgestellt.

3.8. *Einflüsse der Ringspannung*

Wenn Reaktionszentren Bestandteile von Ringstrukturen sind, dann treten zusätzlich zu den bisher besprochenen neue sterische Effekte auf. Für kleine, normale und mittlere Ringe stellen sich optimale Konformationen ein, die sich aus der Konkurrenz der verschiedenen Arten von Ringspannungen (BAYER-, PITZER- und PRELOG-Spannung) ergeben. Dadurch entstehen gegenüber den vergleichbaren offenkettigen Verbindungen zwei prinzipielle Komplikationen:

a) In Ringverbindungen sind die optimalen Konformationen stärker fixiert als in den offenkettigen Verbindungen. Werden an die Geometrie von AK bestimmte Forderungen gestellt, dann kann deren Einstellung besonders stark behindert sein. Beispiele dafür sollen im nächsten Abschnitt behandelt werden.
b) Veränderungen in der Elektronenstruktur und damit in der Geometrie des Reaktionszentrums können die Ringspannung erhöhen oder erniedrigen, was sich entscheidend auf die Geschwindigkeit der entsprechenden Reaktionen auswirkt.

Berechnungen und die Analyse eines umfangreichen experimentellen Materials gestatten Aussagen darüber, wie sich die Umhybridisierung eines Ring-C-Atoms aus einer sp^3- in eine sp^2-Konfiguration und umgekehrt auf die Ringspannungen und damit auf die Ringstabilität auswirkt. Die in Schema 83 angegebenen Spannungsenergien sind Differenzen aus experimentell bestimmten und berechneten Standardbildungsenthalpien (s. Abschn. 5.4.).

Danach führt die Umwandlung von einem bzw. zwei sp^3- in sp^2-hybridisierte C-Atome in Ringen mit 3, 4 und 6 Ringgliedern zu einer Erhöhung der Spannung, während in den übrigen Ringen dadurch eine Verringerung erfolgt. Das heißt, daß für Reaktionen an cyclischen Systemen in Abhängigkeit von der Ringgliederzahl entsprechende Reaktivitätsunterschiede (Reaktivitätsprofil) beobachtet werden.

Findet der Konfigurationswechsel $sp^2 \rightarrow sp^3$ bzw. $sp^3 \rightarrow sp^2$ beim Übergang der Edukte in die Produkte statt, dann sollte die Lage des Reaktionsgleichgewichtes, d. h. die *Gleichgewichtskonstante*, in charakteristischer Weise von der Ringgliederzahl anhängen. Die Gleichgewichtskonstante für die *Halbacetalbildung* cyclischer Ketone, die den Übergang $sp^2 \rightarrow sp^3$ am Carbonyl-C-Atom enthält, zeigt tatsächlich einen Verlauf (1. Reaktion in Schema 84), wie es nach oben gesagtem zu erwarten ist: Das Gleichgewicht wird für die Ringe mit $n = 4$ und 6 nach rechts verschoben.

Schema 83

Auswirkung des Einbaus von sp^2-hybridisierten C-Atomen auf die Ringspannung

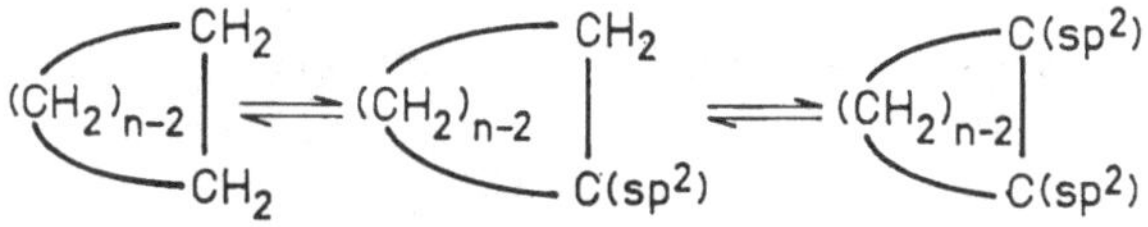

n	Spannungsenergie E (kJ/mol)			
3	117,8	174,6		228,2
4	112,6	120,6		128,1
5	30,1	26,4		28,5
6	5,6	8,0		10,5
7	31,7	25,1		28,1
8	49,0	—	(cis)	31,0
			(trans)	69,9
9	60,3	—	(cis)	48,2
			(trans)	60,3
10	62,8	—		—

Tritt die Umhybridisierung im geschwindigkeitsbestimmenden Schritt der Gesamtreaktion ein, dann werden die *Geschwindigkeitskonstanten* eine Abhängigkeit von der Ringgliederzahl zeigen. Die zweite Reaktion in Schema 84 ist eine *S_N1-Reaktion,* in deren geschwindigkeitsbestimmendem Schritt ein Carbeniumion gebildet wird. Entsprechend dem hier vorliegenden Übergang $sp^3 \rightarrow sp^2$ muß sich das Reaktivitätsprofil spiegelbildlich zu dem der ersten Reaktion verhalten. Eine große Zahl weiterer Reaktionen zeigt Reaktivitätsprofile, die den hier vorgestellten Gesetzmäßigkeiten folgen.

Der Nachweis, daß sich Ringspannung und Gleichgewichtslage gleichsinnig in Abhängigkeit von der Ringgröße ändern, wird am Beispiel der *Oxydation von Cycloalkanolen* mittels Cyclohexanon erbracht (Schema 85). Bezugssystem ist jeweils der Sechsring; als Maß für die Ringspannung ist die Differenz ΔH der Standardbildungsenthalpien $\Delta_B H^{\ominus}$ des Cycloalkanons und des Cycloalkans aufgetragen. Die Lage der Redoxgleichgewichte und auch der mit diesen nahezu deckungsgleichen D ssoziationsgleichgewichte der entsprechenden Cyanhydrine sind ein weiterer Beweis dafür, daß im Sechsring der Einbau eines sp^2-hybridisierten C-Atoms energetisch nicht begünstigt ist.

Schema 84

Reaktivitätsprofil für Reaktionen an Ringverbindungen

1. Übergang $sp^2 \rightarrow sp^3$

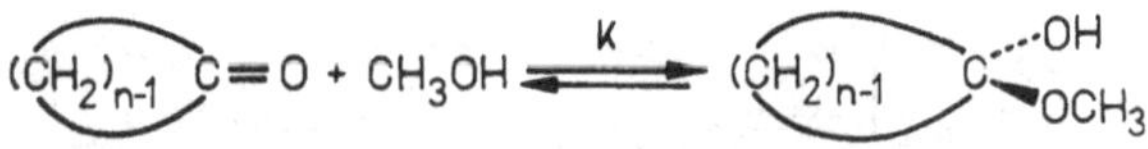

2. Übergang $sp^3 \rightarrow sp^2$ im AK

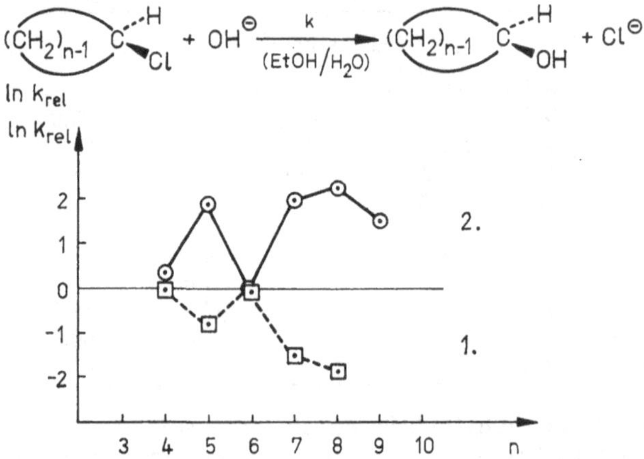

Die Abhängigkeit der Reaktionsgeschwindigkeit von der Ringgröße muß sich in vergleichbarer Weise (Schema 83) ergeben, wenn das Reaktionszentrum zwei benachbarte Ringglieder erfaßt, wie es für die Bildung von Cycloalkenen durch *Eliminierung* typisch ist. Detailliertere Untersuchungen bestätigen diese Vermutung, lassen aber gleichzeitig kompliziertere Zusammenhänge erkennen.

Der basenkatalysierte Abbau von Cycloalkyl-trimethylammoniumsalzen (Schema 86) führt zu den zwei isomeren cis- bzw. trans-Cycloalkenen. Wie zu erwarten, lassen sich die trans-Cycloalkene erst dann nachweisen, wenn der Ring groß genug ist ($n \geqq 8$), um die durch die trans-Konfiguration geforderte Verknüpfung nach entgegengesetzten Richtungen bezüglich der Doppelbindung zu ermöglichen. Für die gebildeten trans-Cycloalkene zeigt dann das Reaktivitätsprofil einen Verlauf, wie es für den Übergang $sp^3 \rightarrow sp^2$ in anderen Fällen beobachtet wurde.

Das Reaktivitätsprofil für die Bildung der cis-Cycloalkene ist nicht in voller Übereinstimmung mit dem für $sp^3 \rightarrow sp^2$-Übergänge typischen Verlauf. Außerdem wird bei anderen Eliminierungs-

Schema 85
Redoxgleichgewicht Cycloalkanol/Cycloalkanon

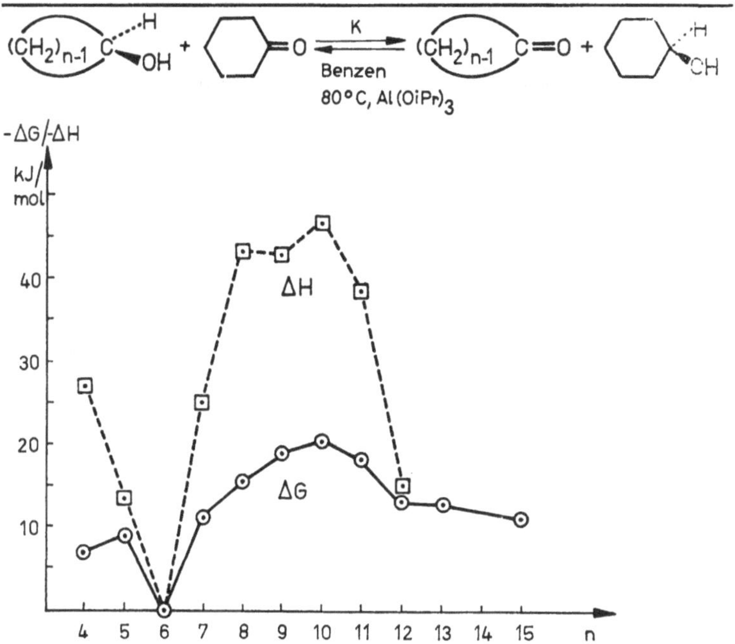

reaktionen zu Cycloalkenen beobachtet, daß das Reaktivitätsprofil für die Bildung der trans-Cycloalkene seine Gestalt beibehält, während das der cis-Cycloalkene von Reaktion zu Reaktion Veränderungen zeigt. Das wird verständlich, wenn man berücksichtigt, daß für die Bildung der Cycloalkene prinzipiell vier mechanistische Alternativen konkurrieren (Schema 86):

a) Die Abspaltung der beiden Abgangsgruppen $—N(CH_3)_3$ und —H kann aus ihrer synperiplanaren bzw. antiperiplanaren Lage zueinander erfolgen.
b) In beiden Fällen kann als Produkt sowohl ein cis- als auch ein trans-Cycloalken gebildet werden.

Es ist offensichtlich, daß für den Ablauf anti → trans schon im AK eine sehr viel höhere Ringspannung existieren muß als für die alternative Möglichkeit syn → trans. Deshalb verläuft auch die Bildung der trans-Cycloalkene nachweislich allein über die syn-

Eliminierung. Diese Einheitlichkeit hat die prinzipiell gleiche Gestalt der Reaktivitätsprofile für die Eliminierungen zu trans-Cycloalkenen zur Folge.

Schema 86

Bildung von Cycloalkenen durch syn- und anti-Eliminierung

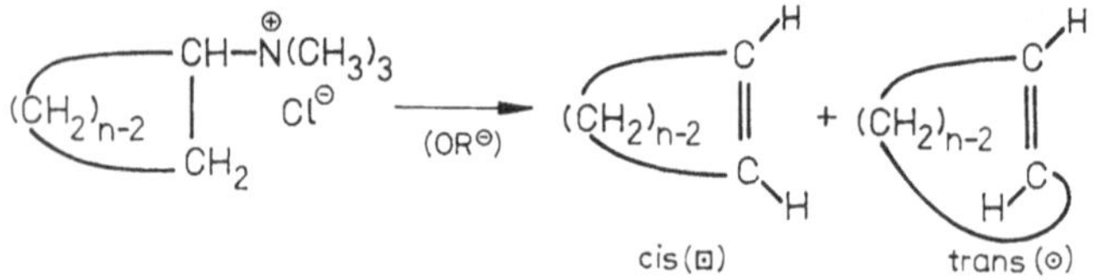

Reaktivitätsprofil:

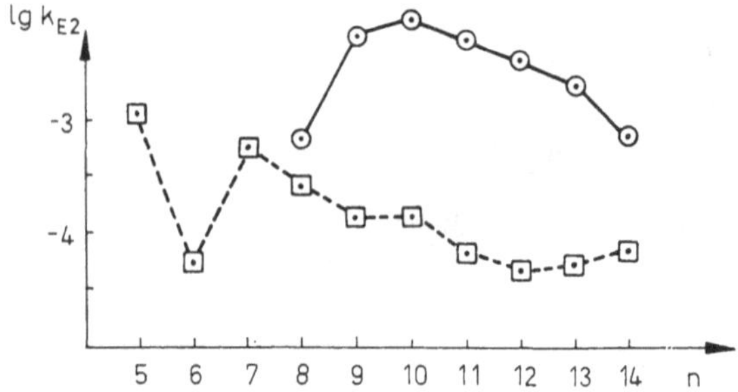

Mögliche aktivierte Komplexe:

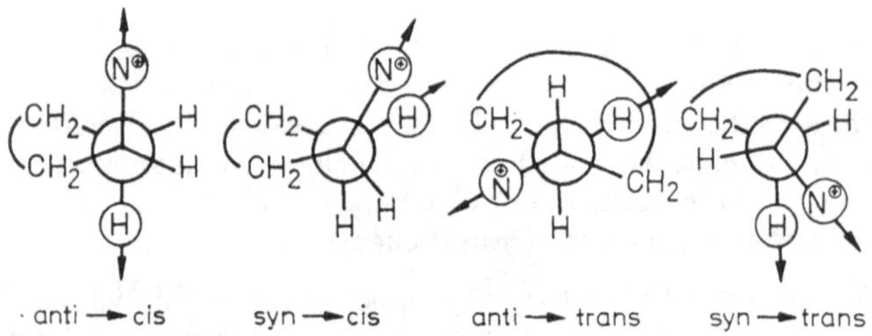

n	cis-Olefin syn : anti	trans-Olefin syn : anti
4	90:10	—
5	10:90	—
6	0:100	—
7	35:65	—
8	51:49	100:1

Die beiden Möglichkeiten, die zum cis-Cycloalken führen, unterscheiden sich nicht so drastisch in den Spannungen im Restmolekül, so daß sie beide in Abhängigkeit von der Ringgröße und den weiteren Reaktionsbedingungen in wechselndem Maße an der Bildung des cis-Cycloalkens beteiligt sind. Deshalb werden auch für unterschiedliche Eliminierungsreaktionen unterschiedliche Reaktivitätsprofile beobachtet.

Das experimentelle Ergebnis, daß trans-Cycloalkene, Cycloalkine und Cycloallene erst in Ringen mit n $\geqq$ 8 gebildet werden, läßt erkennen, daß die *Bildung ungünstiger, starrer Strukturelemente* im Ringgerüst die Ringspannung so weit erhöhen kann, daß die Bildungsreaktionen unterdrückt werden oder zu Produkten mit geringer Lebensdauer führen. Während Cyclooctin (**11**) bei Raumtemperatur beständig ist, führt der zusätzliche Einbau von einer (**12**), zwei (**13**) oder drei (**14**) Doppelbindungen zu einer drastischen Verkürzung der Lebensdauer, so daß das Cycloocta-1.3.5-trien-7-in (**14**) nur noch als Intermediat nachweisbar ist. Sind zwei Doppelbindungen jedoch Bestandteil eines aromatischen Ringes (**15**), dann wird die Dreifachbindung als Reaktionszentrum sterisch abgeschirmt und die Verbindung dadurch kinetisch stabilisiert.

 **11**  **12**  **13**  **14** 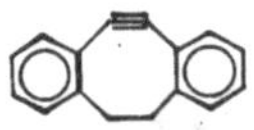 **15**

Eine *kinetische Stabilisierung* z. B. hochgespannter Dreiringverbindungen kann auch durch sterisch anspruchsvolle Substituenten erfolgen. So sind die Aziridinone (**16**) und (**17**) thermisch bis über 100 °C stabil, während (**18**) bei Raumtemperatur zerfällt und (**19**) nur als Intermediat diskutiert wird.

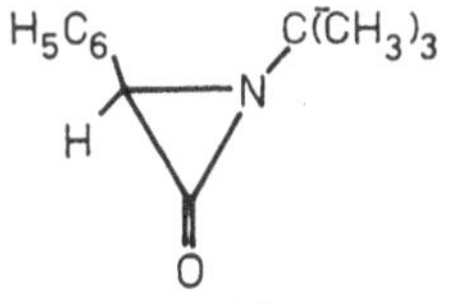

16

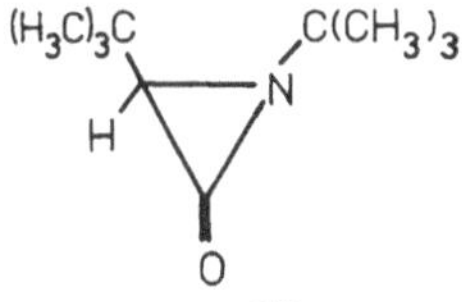

17

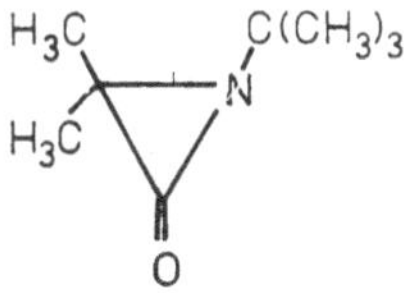

18

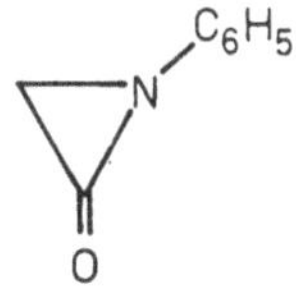

19

Als Ursache für dieses Verhalten wird angenommen, daß durch die Abstoßung der sperrigen Substituenten die Ringspannung verringert wird. Elektronische Einflüsse der Substituenten, die den Übergang der Aziridinone beim Zerfall in eine mesomeriestabilisierte ZS erleichtern, wirken den sterischen Einflüssen entgegen.

Bicyclen sind räumlich noch stärker fixiert als Monocyclen. Deshalb ist für sie insbesondere der Übergang $sp^3 \rightarrow sp^2$, der eine Einebnung der Konfiguration um das umhybridisierte C-Atom verlangt, an *Brückenkopf-C-Atomen* erschwert. Das zeigt sich u. a. darin, daß S_N1-Reaktionen an diesen Atomen sehr stark von der Größe des bicyclischen Systems und der damit verbundenen Änderung der Spannungsenergie abhängen (Schema 87).

Auf die Schwierigkeit, durch Eliminierungen an den Brückenköpfen von Bicyclen Doppelbindungen zu erhalten, weist schon die BREDT-*Regel* hin, nach der Brückenkopfolefine dann instabil sind,

Schema 87

Solvolysegeschwindigkeit von Brückenkopfverbindungen

Verbindung	X	k_{rel}	$\Delta H^{\neq}$ (kJ/mol)	$\Delta S^{\neq}$ (J/mol · K)	ΔE (kJ/mol)
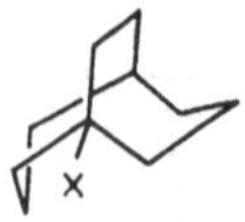	Cl	1,0	89,1	−27,2	−11,7
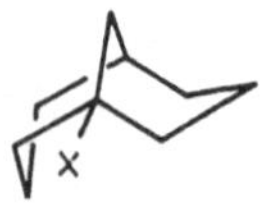	Br	$3 \cdot 10^{-3}$	100,0	−13,4	34,7
	Br	10^{-7}	108,8	−70,1	68,2
	OTs	10^{-8}	117,2	−13,8	78,2
	OBs	10^{-14}	132,6	−59,8	98,4

ΔE: Spannungsenergiedifferenz zwischen Kohlenwasserstoff und Carbeniumion

wenn die Gesamtzahl aller Brückenatome S $\leq$ 7 ist (Schema 88) [30, 31]. Die Brückengliederzahl S ist jedoch nur ein grobes Maß für die Stabilität, die

Schema 88

Stabile und instabile Brückenkopfolefine

stabil:

z.B.

Bicyclo $[\bar{3}.3.1]$ $[4.\bar{2}.1]$ $[\bar{4}.2.1]$ nonen

S: 7 7 7

instabil (Bredt-Verbindungen):

Bicyclo $[3.\bar{2}.2]$nonen $[\bar{3}.2.1]$octen $[\bar{2}.2.1]$hepten

S: 7 6 5

maßgeblich von der Größe der Einzelbrücke mitbestimmt wird, die die Doppelbindung enthält. So ist z. B. das Bicyclo[4.2.1]nonen, bei dem die Doppelbindung in der kleinsten Brücke enthalten ist, nicht existent.

Bei kinetischer Kontrolle kann auch das stärker gespannte Brückenkopfolefin im Produktgemisch dominieren, wie Gl. (19) zeigt:

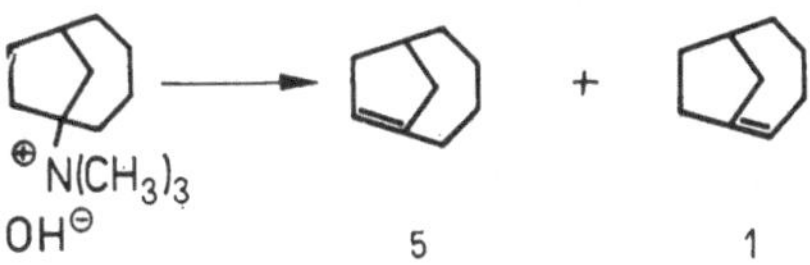

5 1 (19)

Die im Schema 88 angeführten Bredt-Verbindungen wurden als ZS postuliert bzw. nachgewiesen.

Ein Beispiel, mit dem die konformative Ursache der Ringspannung nachgewiesen werden kann, ist die *Protonierung* des

Azuleno[4,5,6-cd]phenalens (Gl. (20)):

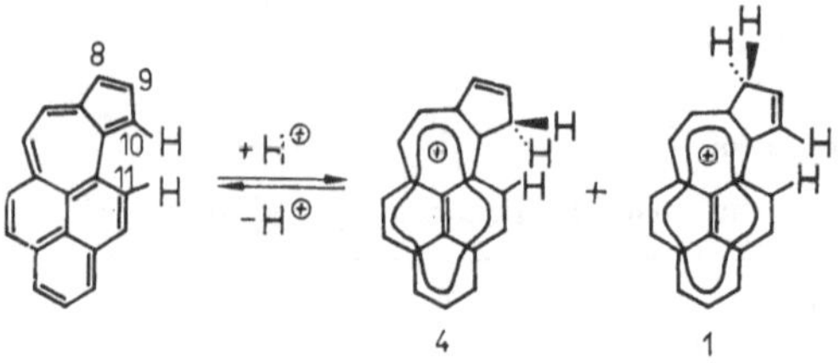

(20)

Die Basizität des Kohlenwasserstoffs, der mit Trifluoressigsäure reversibel protoniert werden kann, ist in der thermodynamischen Stabilität des Ions begründet. Im bevorzugten Ion ist die Protonierung am C-Atom 10 erfolgt, wodurch die nichtbindenden Wechselwirkungen zwischen den H-Atomen an $C_{(10)}$ und $C_{(11)}$ im Kohlenwasserstoff verringert wurden.

Eine Möglichkeit, Spannungen in kleinen Ringen zu vermindern, sind Reaktionen, die zu *Ringerweiterungen* führen. Ein eindrucksvolles Beispiel dazu, das gleichzeitig die Komplexität der Effekte zeigt, sind Ringerweiterungen von Oxetanonen (β-Lactonen) zu Oxolanonen (γ-Lactonen, Schema 89). Ringöffnung und Wanderung des H-Atoms oder einer CH_3-Gruppe aus dem Isopropylrest im Sinne einer dyotropen WAGNER-MEERWEIN-Umlagerung erfolgen gleichzeitig, so daß die Konfiguration an der $C_{(3)}$-$C_{(4)}$-Bindung erhalten bleibt. Im Falle der trans-Anordnung von Isopropyl- und Phenylgruppe wandert wegen der kaum gehinderten Drehbarkeit der Isopropylgruppe bevorzugt das H-Atom (a), während durch die Rotationsbehinderung bei cis-Anordnung beider Gruppen das Produkt nahezu ausschließlich durch Wanderung einer Methylgruppe entsteht (b). Von den Wanderungen sind in Übereinstimmung mit den stereoelektronischen Anforderungen (s. Abschn. 3.2.) die stärker markierten antiperiplanaren Bindungen betroffen.

Auf die erhöhte Reaktionsbereitschaft von Paracyclophanen durch Spannungen im Molekül gegenüber Dienophilen in einer DIELS-ALDER-Reaktion wurde bereits im Abschn. 2.7. hingewiesen.

3.9. *Fixierung von Konformationen in Ringverbindungen*

Die stärkere Fixierung der optimalen Konformationen in Ringsystemen führt dazu, daß insbesondere Reaktionen, an denen zwei benachbarte Ringglieder beteiligt sind, sehr stark von den festgelegten Konformationen abhängen.

Schema 89
Ringerweiterungen

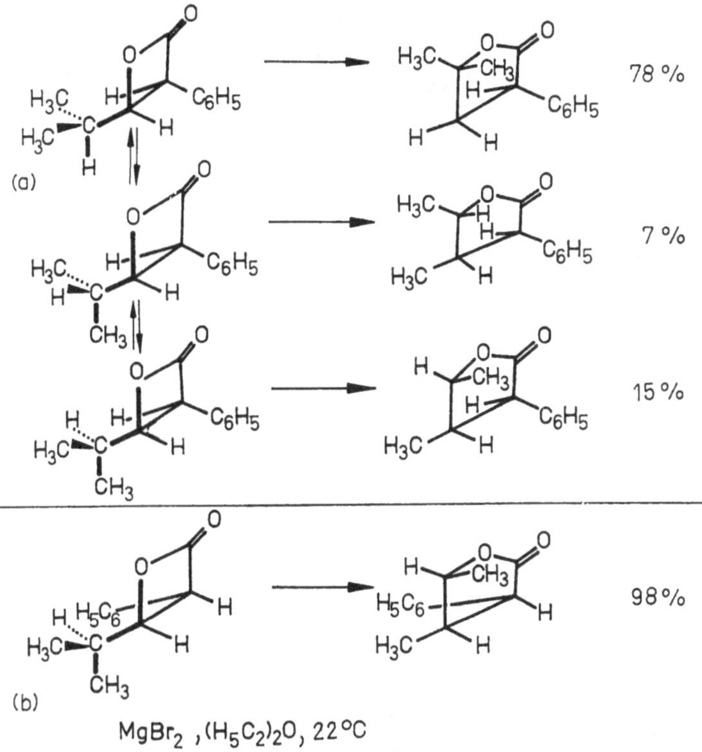

$MgBr_2$, $(H_5C_2)_2O$, 22 °C

Diese Einflüsse machen sich besonders bei *Eliminierungen* bemerkbar. Für E2-Reaktionen wird für den AK eine anti- oder synperiplanare Anordnung der Abgangsgruppen gefordert. Das Beispiel im Schema 90 zeigt, daß in einer der beiden energetisch nahezu gleichwertigen Konformationen des cis-Phenyl-cyclohexyl-tosylats (b) von vornherein der Tosyl-Rest und zwei H-Atome in antiperiplanarer Stellung zueinander stehen, so daß unter den angegebenen Reaktionsbedingungen eine Eliminierung erfolgt. Im trans-Isomeren müßte die Eliminierung aus der energetisch ungünstigen Konformation (a) oder als syn-Eliminierung aus einer

Schema 90
Eliminierungen aus Ringverbindungen

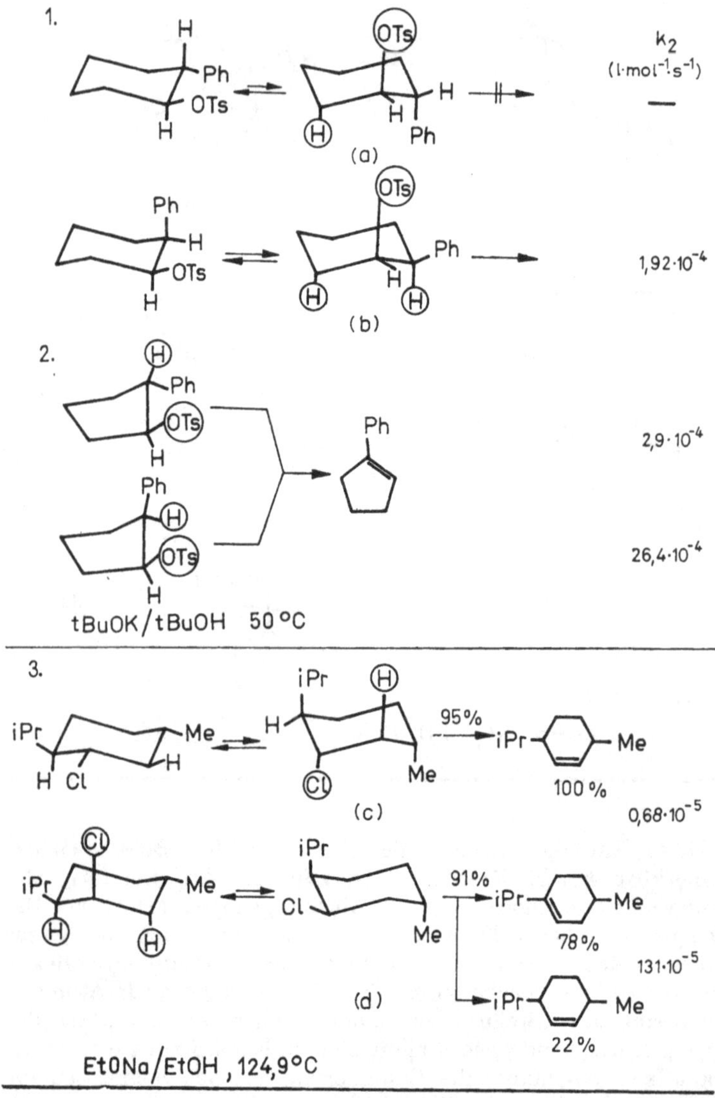

verdrillten Konformation erfolgen, doch konnte nach einer Reaktionszeit von 22 Tagen das Tosylat unumgesetzt zurückgewonnen werden.

Die coplanare Anordnung der beiden Abgangsgruppen —H und —OTs für eine E2-Reaktion kann im 2-Phenyl-cyclopentyltosylat ohne hohen Energieaufwand sowohl aus dem trans- (**20**) als auch aus dem cis-Isomeren (**21**) relativ leicht erreicht werden, so daß sich die Geschwindigkeit der Eliminierung zum 1-Phenyl-cyclopenten nur wenig unterscheiden. Die anti-Eliminierung aus dem cis-Isomeren verläuft dabei um den Faktor 9 schneller.

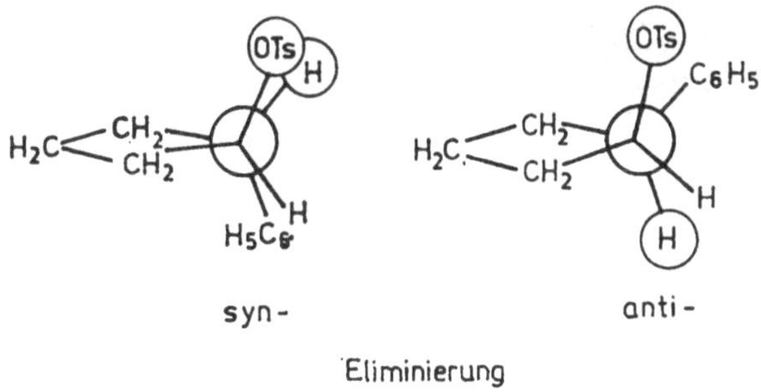

20 **21**

Aus der Tatsache, daß bei der HCl-Abspaltung aus dem Menthylchlorid bei einem Eliminierungsanteil von 95% ausschließlich das Menth-2-en (HOFMANN-Produkt) entsteht (Schema 90) muß gefolgert werden, daß die Reaktion über die (a,a,a)-Konformation (c) mit antiperiplanarer Anordnung der austretenden Gruppen abläuft. Im Neomenthylchlorid nehmen bereits in der energetisch günstigen Konformation (d) das Chlor und zwei Wasserstoffatome antiperiplanare Stellung zueinander ein, so daß die Eliminierung (Anteil 91%) wesentlich schneller erfolgt. Gleichzeitig wird eine Bevorzugung des thermodynamisch stabileren Menth-3-ens (SAYZEW-Produkt) im Produktgemisch beobachtet.

Auch bei weiteren Reaktionen, an denen benachbarte Ringglieder beteiligt sind, können vergleichbare Effekte erwartet werden. So ist für die *Spaltung von 1,2-Diolen* mit Bleitetraacetat die intermediäre Bildung cyclischer Ester nachgewiesen worden, die die Struktur von Fünfringen haben. Diese können sich nur dann leicht ausbilden, wenn die zwei Hydroxylgruppen des Diols nahezu in einer Ebene liegen. Das trifft z. B. beim cis-Cyclopentan-

1,2-diol zu, weshalb es wesentlich schneller reagiert als das trans-Isomere.

Besonders stark macht sich die Fixierung von Substituenten am relativ starren *Steroidgerüst* bemerkbar, so daß sich drastische Unterschiede in der Geschwindigkeit oder im Reaktionsweg von Isomeren ergeben (Schema 91).

Schema 91
Reaktion von Steroid-Bromhydrinen

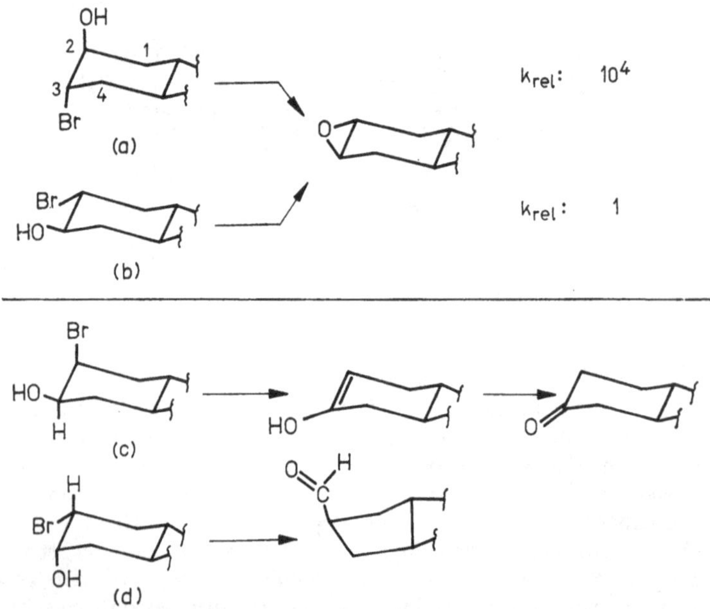

Im trans-diaxialen 2β-Hydroxy-3α-brom-steroid (a) nehmen die beiden Substituenten eine antiperiplanare Stellung zueinander ein, wodurch in Gegenwart von Basen das β-Epoxid wesentlich schneller gebildet wird als aus dem trans-diäquatorialen 2α-Brom-3β-hydroxysteroid (b). Die antiperiplanare Stellung von Br und H in (c) hat in Gegenwart von Basen eine Eliminierung zum Enol zur Folge, während die Dehydratisierung aus (d) unter diesen Bedingungen nicht möglich ist. Es erfolgt vielmehr eine Ringverengung zum Fünfring durch einen Angriff des C-Atoms 4 auf das positivierte $C_{(2)}$, da die Bindung $C_{(2)}$-Br und $C_{(3)}-C_{(4)}$ antiperiplanar zueinander angeordnet sind. Aus konformativ beweglichen Verbindungen entsteht dagegen, wie Gl. (21) für den ähnlich gelagerten Fall der Desaminierung des cis-2-Amino-cyclohexanols zeigt, ein Produktgemisch, in dem der Cyclopentancarbaldehyd dominiert.

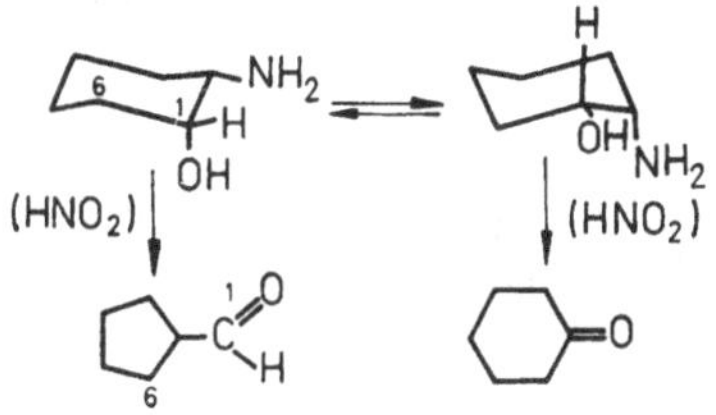

(21)

3.10. Reaktivität von Isomeren

Der Vergleich der Reaktivität von Isomeren war immer wieder Gegenstand der Diskussion in den vorangegangenen Abschnitten. Für *Konstitutionsisomere*, z. B. Stellungsisomere, ist offensichtlich, daß sie unterschiedliche Reaktivitäten besitzen, weil der Aufbau des Moleküls und damit sowohl elektronische als auch sterische Einflüsse auf das RZ verschieden sind, wie das Beispiel der S_N2-Geschwindigkeiten von Stellungsisomeren zeigt (Schema 92).

Schema 92

Mittlere relative Geschwindigkeiten für S_N2-Reaktionen von Stellungsisomeren

Isomere	Relative Geschwindigkeit
1. $H_3C-CH_2-CH_2-X$	0,4
H_3C $\rangle CH-X$ H_3C	0,025
2. $H_3C-CH_2-CH_2-CH_2-X$	0,4
H_3C $\rangle CH-CH_2-X$ H_3C	0,03

Die in diesen Fällen wirkenden sterischen Einflüsse (z. B. front-strain-Effekt, Gruppenhäufung im AK) wurden schon behandelt.

Bei gegebener Konstitution können *Stereoisomere* auftreten. Von den *Enantiomeren* ist bekannt, daß sie sich in achiraler Umgebung in allen physikalischen und chemischen Eigenschaften bis auf die Richtung der Drehung der Ebene des linear polarisierten Lichtes gleichen. Deshalb ist auch für die Enantiomeren einer chiralen Verbindung gegenüber achiralen Agenzien und in achiraler Umgebung gleiche Reaktivität zu erwarten (s. Abschn. 4.).

Diastereomere (z. B. cis/trans-Isomere oder erythro-threo-Isomere) besitzen bei gleicher Konstitution von vornherein einen unterschiedlichen Energieinhalt und unterschiedliche physikalische und chemische Eigenschaften, was z. B. anhand ihrer thermodynamischen Größen nachgewiesen werden kann (Schema 93).

Schema 93

Differenzen der thermodynamischen Bildungsgrößen für einige cis/trans-Isomere im Gaszustand

Verbindung	$\Delta_B G^{\ominus}_{tr} - \Delta_B G^{\ominus}_{cis}$ (kJ/mol)	$\Delta_B S^{\ominus}_{tr} - \Delta_B S^{\ominus}_{cis}$ (J/mol · K)	$\Delta_B H^{\ominus}_{tr} - \Delta_B H^{\ominus}_{cis}$ (kJ/mol)
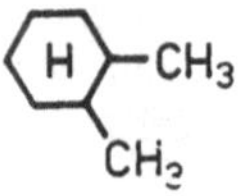	−6,74	−3,60	--7,82
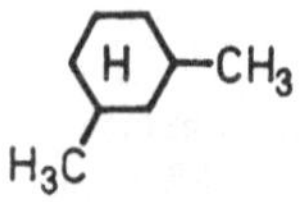	+6,48	+5,77	+8,12
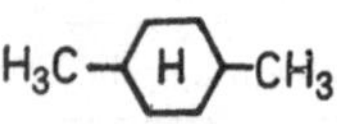	−6,23	−5,65	−7,95
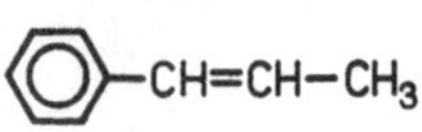	−3,18	−3,35	−4,18
	−12,4	−3,18	−13,35

Wie oft beobachtet, erweisen sich die trans-Isomeren um 4 bis 12 kJ/mol stabiler als die entsprechenden cis-Isomeren. In gleicher Größenordnung liegen die Stabilitätsunterschiede für erythro/

threo-Isomere. Das wird verständlich, wenn man berücksichtigt, daß z. B. die 1,3-Dialkyl-cyclohexane sowohl als cis/trans- als auch als erythro/threo-Isomere aufgefaßt werden können.

Daß man sich dabei jedoch vor einer formalen Betrachtungsweise hüten muß, zeigt das Beispiel des 1,3-Dimethyl-cyclohexans, bei dem die cis-Form die stabilere ist. Das in diesem Fall mögliche Gleichgewicht zwischen einer diäquatorialen (e, e) und einer diaxialen (a, a) Anordnung der beiden Methylgruppen liegt ganz auf der Seite der (e, e)-Konformation, da hier keine synclinalen Wechselwirkungen zwischen den CH_3-Gruppen und den Ring-CH_2-Gruppen möglich sind, während in der (a, a)-Konformation vier energetisch ungünstige synclinale Anordnungen vorhanden sind. Die beiden in ihrem Energieinhalt gleichen Konformationen des trans-1,3-Dimethyl-cyclohexans (e, a) bzw. (a, e) besitzen zwei der genannten synclinalen Wechselwirkungen, so daß sich daraus die thermodynamisch höhere Stabilität des cis-Isomeren in der (e, e)-Konformation ableiten läßt. Ähnliche konformative Effekte sind auch bei der Betrachtung der Reaktivität von Diastereomeren oft von ausschlaggebender Bedeutung.

Wird im geschwindigkeitsbestimmenden Schritt der Reaktion, die zwei Diastereomere eingehen, die Bedingung für die Diasteromerie (z. B. die Existenz einer Doppelbindung) aufgehoben, dann unterscheiden sich zwar die diastereomeren Edukte in ihrem *Energieinhalt,* während in den entsprechenden AK der Energieunterschied verringert wird. Das bedeutet aber, daß das stabilere Diastereomere eine größere Aktivierungsenergie benötigt und deshalb langsamer reagiert.

So führt die *Addition* von HBr an 1-Phenyl-propen zu 1-Brom-1-phenyl-propan (Schema 94). Ob man dabei vom (E)- oder vom (Z)-Olefin ausgeht, ist nur für die Geschwindigkeit der HBr-Anlagerung von Bedeutung. Aufgrund seiner geringeren Stabilität reagiert das (Z)-1-Phenyl-propen etwa 1,2mal schneller als die (E)-Verbindung; in beiden Fällen entstehen jedoch identische Produkte.

Bei der elektrophilen Chloraddition an (E)- und (Z)-But-2-en entstehen Diastereomere. Während aus dem (Z)-Olefin in ca. 97%iger Reinheit das DL-2,3-Dichlor-butan entsteht, wird aus dem (E)-Olefin zu etwa 98% die meso-Dichlorverbindung gebildet. Wie im oben genannten Beispiel reagiert aufgrund der um 4 kJ/mol höheren Bildungsenthalpie das (Z)-But-2-en gegenüber dem (E)-But-2-en auch hier etwa 1,3mal schneller. Als letztes Beispiel für die unterschiedliche Reaktivität von E/Z-Isomeren soll die Bromierung von (E)- und (Z)-Stilben angeführt werden. Aus der Temperaturabhängigkeit der Geschwindigkeitskonstanten in CCl_4

Schema 94
HBr-Addition an (E)- und (Z)-1-Phenyl-propen

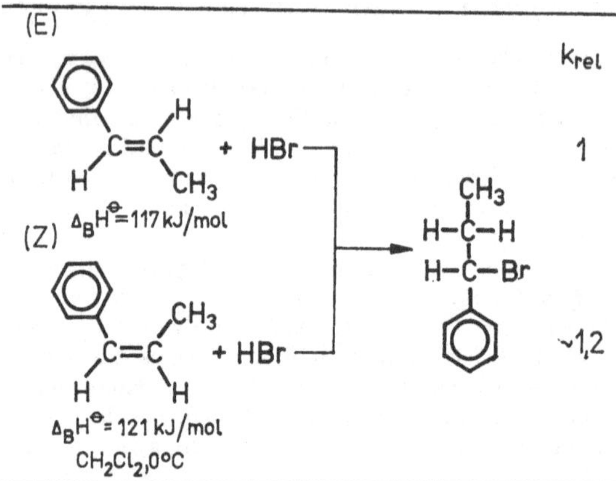

ergibt sich für die Addition an (Z)-Stilben eine Aktivierungsenergie von 27 kJ/mol und für (E)-Stilben von 58 kJ/mol.

Diese Additionsreaktionen zeigen, daß das stabilere Diastereomere langsamer umgesetzt wird als das thermodynamisch instabilere, unabhängig davon, ob als Reaktionsprodukte Verbindungen entstehen, die im Verhältnis von Enantiomeren oder wiederum von Diastereomeren zueinander stehen. Erklärt wird das dadurch, daß die im geschwindigkeitsbestimmenden Schritt gebildete Zwischenstufe, in der die Doppelbindung bereits gespalten ist, selbst im Fall einer überbrückten Struktur konformativ beweglicher ist als das Edukt und damit der sterischen Hinderung von (Z)-Substituenten nachgeben kann. Dadurch werden die Energieunterschiede der AK geringer als die der Edukte.

Bei Reaktionen von Isomeren, für deren AK bestimmte Konformationen in bzw. zwischen den Edukten gefordert werden, ist zu erwarten, daß die Geschwindigkeiten bzw. Produktverteilungen stark von *Konformationsgleichgewichten*, die den eigentlichen Reaktionsschritten vorgelagert sind, beeinflußt werden. Zum Beweis sollen die folgenden Beispiele dienen:

Diels-Alder-*Reaktionen* verlaufen im Gegensatz zu den eben beschriebenen trans-Additionen nach einem synchronen Mechanismus, in dem die Doppelbindung des Dienophils durch das Dien von der gleichen Seite angegriffen wird. Voraussetzung ist, daß das Dien eine s-cis-Konformation einnehmen kann. Beim Butadien beträgt die Energiedifferenz zwischen der s-cis- und der s-trans-Konformation etwa 9,6 kJ/mol, so daß bei Raumtemperatur ca. 4% in der s-cis-Konformation vorliegen und damit eine DIELS-ALDER-Reaktion eingehen können (vgl. Abschn. 3.2.).

Auch in der (E,E)-Form des 1,4-Diphenyl-butadiens stehen s-trans- und s-cis-Konformation im thermodynamischen Gleichgewicht, so daß eine Addition z. B. an Maleinsäureanhydrid erfolgen kann (Schema 95). Durch sterische Hinderung wird dagegen der Übergang der s-trans-Konformation des (E,Z)-1,4-Diphenylbutadiens in die s-cis-Konformation verhindert und damit die DIELS-ALDER-Addition unmöglich.

Schema 95
DIELS-ALDER-Addition von 1,4-Diphenyl-butadien an Maleinsäureanhydrid

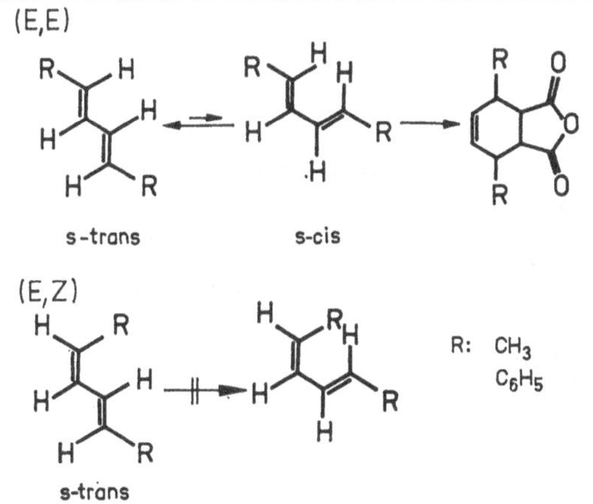

Der gleiche Effekt ist festzustellen, wenn Methylgruppen die Stelle der Phenylringe einnehmen oder wenn an den C-Atomen 2 und 3 des Butadiens eine Substitution durch tert-Butylgruppen erfolgt ist. Die Tatsache, daß der Bindungsumgruppierung ein Konformerengleichgewicht vorgelagert ist, kann, wie dieses Beispiel zeigt, dazu führen, daß das thermodynamisch stabilere Isomere schneller reagiert.

N-Acylierte Aminoalkohole können in Gegenwart von Säuren in die entsprechenden O-Acylderivate umgelagert werden. Auch bei

Schema 96
Umlagerung acylierter Aminoalkohole

1. N-Benzoyl-pseudoephedrin

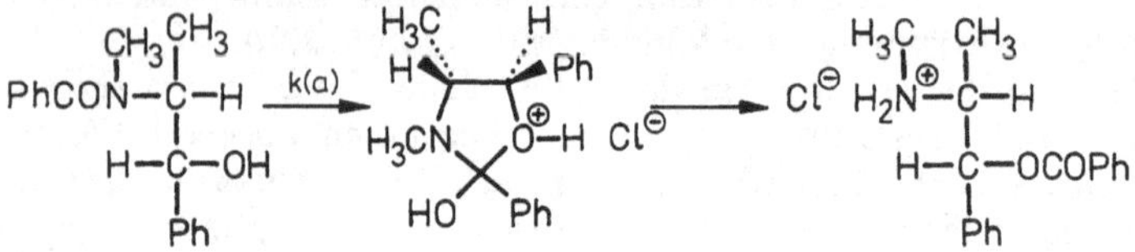

(a)

2. N-Benzoyl-ephedrin

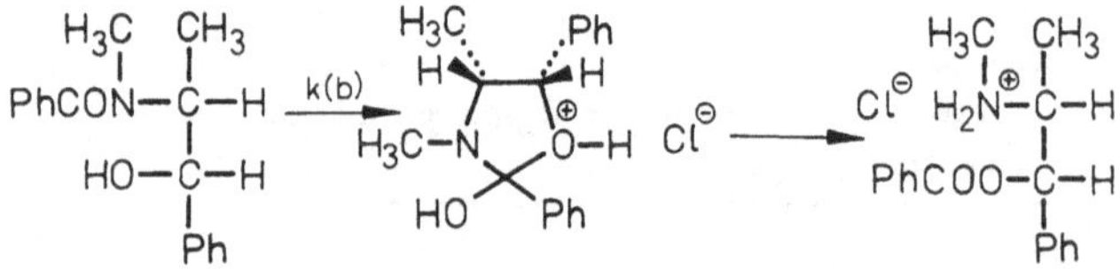

(b)

$k_{(a)} : k_{(b)} \approx 70$

3. threo-1,3-Diphenyl-3-acetylamino-propan-1-ol

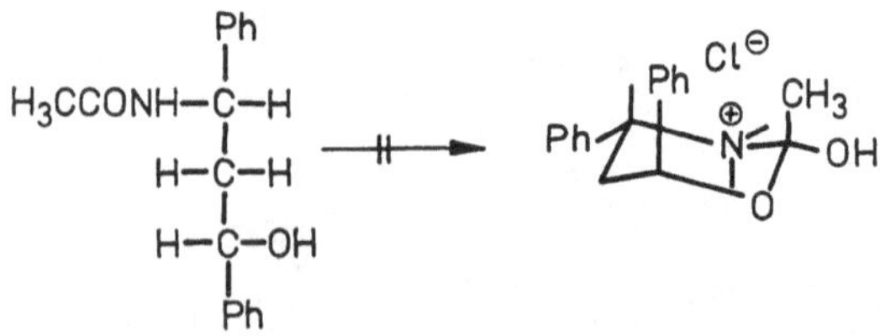

(c)

4. erythro-1,3-Diphenyl-3-acetylamino-propan-1-ol

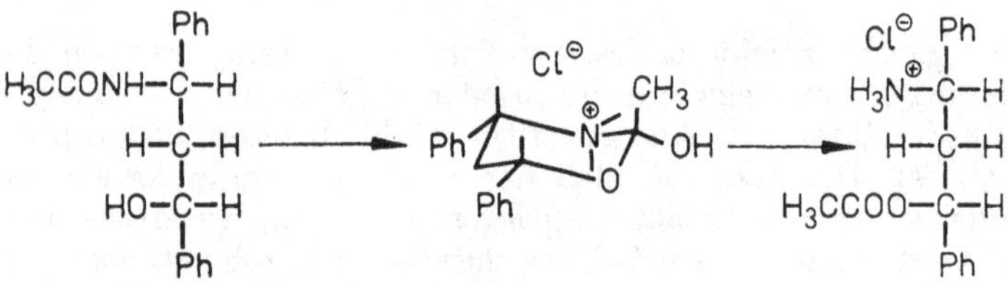

(d)

(Ethanol, HCl, Raumtemperatur)

diesen *Umlagerungen* lassen sich unterschiedliche Reaktivitäten diastereomerer Edukte bzw. das Ausbleiben der Reaktion bei einem Diastereomeren auf konformative Einflüsse zurückführen. Bei 1,2-Aminoalkoholen (Schema 96) verläuft die Acylwanderung über einen planaren fünfgliedrigen AK, der sich z. B. aus dem N-Benzoyl-pseudoephedrin (a) wesentlich leichter bilden läßt, als aus dem N-Benzoyl-ephedrin (b), bei dem im AK Methyl- und Phenylgruppe eine synperiplanare Anordnung einnehmen müssen. Aus diesem Grund reagiert das threo-Isomere (a) etwa 70mal schneller als die erythro-Form (b). Analoges gilt auch für das Diastereomerenpaar N-Benzoyl-norpseudoephedrin/N-Benzoyl-norephedrin.

Bei 1,3-Aminoalkoholen wird beim Übergang vom N-Acyl- in das O-Acylderivat ein sechsgliedriger nichtplanarer AK durchlaufen, für dessen Stabilität Effekte verantwortlich sind, die allgemein auch die Stabilität von Cyclohexanderivaten beeinflussen. Aus dem erythro-1,3-Diphenyl-3-acetylamino-propan-1-ol (c) entsteht ein Sechsring-AK, in dem beide Phenylringe äquatorial angeordnet sind und nur die CH_3-Gruppe axiale Position einnimmt. Die threo-Form (d) wird nicht umgelagert, weil der für die Umlagerung notwendige AK durch zwei axial stehende große Gruppen (CH_3 und C_6H_5) destabilisiert wird.

Die Möglichkeit, daß Diastereomere unter vergleichbaren Bedingungen aus konformativen Gründen verschiedene Reaktionswege einschlagen, soll am folgenden Beispiel gezeigt werden. Mit Pyridin kann man durch *Eliminierung* aus erythro-1-Phenyl-2-brom-2-benzoyl-propionsäure (Z)-1-Phenyl-2-benzoyl-acrylsäure erzeugen (Schema 97).

Die entsprechende threo-Form erleidet unter ansonsten gleichen Reaktionsbedingungen zusätzlich zur HBr-Abspaltung eine Decarboxylierung, die zu (E)-β-Benzoyl-styren führt. Ursache hierfür ist wiederum die energetisch außerordentlich ungünstige Konformation (b), aus der die Eliminierung erfolgen müßte. Für das Molekül leichter ist die Decarboxylierung aus (a), der sich dann die „normale“ HBr-Eliminierung anschließt.

Die letzten Beispiele zeigen, daß die Leichtigkeit der Ausbildung des AK im geschwindigkeitsbestimmenden Schritt sehr stark von vorgelagerten Konformationsgleichgewichten beeinflußt wird. Da bei Diastereomeren die für die Einstellung von Konformationen verantwortlichen Konfigurationen an benachbarten C-Atomen unterschiedlich sind, ergeben sich die erwarteten Reaktivitätsunterschiede für die Isomeren. Dabei muß offensichtlich jeder Fall gesondert analysiert werden.

Schema 97

Eliminierungen aus diastereomeren 1-Phenyl-2-brom-2-benzoyl-propionsäuren

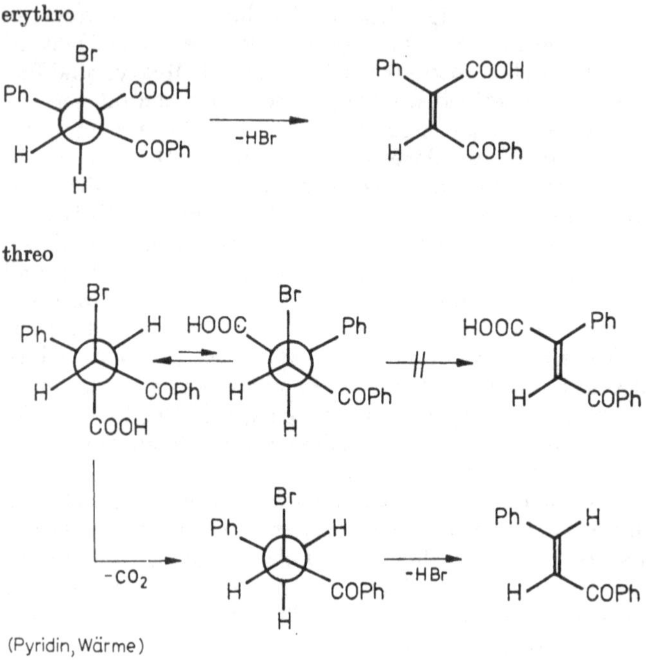

Weitere Ursachen für die unterschiedliche Reaktivität von Diastereomeren wurden schon früher behandelt:

- stereoelektronische Effekte (s. Schema 37),
- sterische Hinderung der Konjugation (s. Schema 65),
- Veränderungen in der Gruppenhäufung (s. Schema 71),
- Nachbargruppenbeteiligung (s. Schema 42),
- ausreichende Nähe der Reaktionszentren in intramolekularen Reaktionen (s. Schemata 1 und 32) und
- Fixierung von Konformationen in Ringsystemen (s. Schemata 90 und 91).

4. Stereoselektivität und Stereospezifität von Reaktionen [32, 33]

4.1. Klassifizierung

Bei den meisten organischen Reaktionen ist die Bildung mehrerer Produkte möglich. In vielen Fällen wird jedoch eines dieser Produkte bevorzugt, was seine Ursache sowohl in der Struktur der Reaktionspartner als auch in den Reaktionsbedingungen haben kann.

Von einer selektiven Reaktion spricht man dann, wenn in deren Verlauf eines von mehreren möglichen Isomeren bevorzugt oder ausschließlich gebildet wird (ELIEL1966).

Diese Definition besitzt allgemeine Gültigkeit, so daß sie sowohl auf die Bildung von Konstitutions- als auch von Stereoisomeren bezogen werden kann.

Wird bei einer Umsetzung ein Konstitutionsisomeres bevorzugt oder ausschließlich gebildet, so spricht man von einer *regioselektiven Reaktion*. Typische Beispiele sind Substitutionen an monosubstituierten Benzen-Derivaten und Additionen an olefinische Doppelbindungen. Jedes Abweichen vom statistischen o:m:p-Produktverhältnis (2:2:1) bedeutet bei der *elektrophilen Substitution* die Bevorzugung eines der Produkte und rechtfertigt damit deren Klassifizierung als regioselektive Reaktion (Schema 98)

Schema 98

Isomerenverteilung bei der Nitrierung von Monoalkylbenzenen

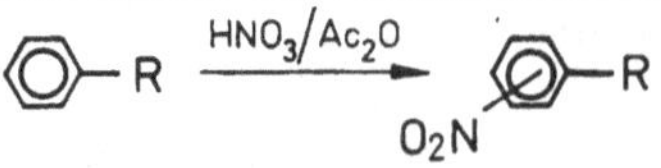

R	o-Produkt (%)	m-Produkt (%)	p-Produkt (%)
CH_3	61,4	1,6	37,0
C_2H_5	45,9	3,3	50,8
$CH(CH_3)_2$	28,0	4,5	67,5
$C(CH_3)_3$	10,0	6,8	83,2

Die geringen Anteile an m-Produkt lassen sich auf die o,p-dirigierende Wirkung der Alkylsubstituenten zurückführen und sind im polaren Mechanismus der Reaktion begründet.

Wenn die Raumerfüllung des Substituenten R zunimmt, wird die Regioselektivität zugunsten der p-Produkte drastisch verändert. Unter diesem Gesichtspunkt können auch die Beispiele im Schema 49 betrachtet werden.

Die Regioselektivität bei *Additionen an Olefine* ist ebenfalls vom Mechanismus und vom elektronischen Einfluß der an die Doppelbindung gebundenen Substituenten abhängig (Schema 99).

Schema 99

Regioselektivität bei der Addition an Olefine

$$R-CH=CH_2 + H-X \rightarrow R-\underset{\displaystyle X}{\underset{|}{C}H}-CH_3 + R-CH_2-CH_2-X$$

R		MARKOWNIKOW-Produkt	anti-MARKOWNIKOW-Produkt
CH_3	HBr	+	
CH_3	HBr (h · v)		+
CF_3	HBr		+

Bei der elektrophilen Addition von HX (X z. B. Halogen) an alkylsubstituierte Olefine gilt die Regel von MARKOWNIKOW, während stark elektronegative Substituenten, wie z. B. die CF_3-Gruppe, zum anti-MARKOWNIKOW-Produkt führen. Das gleiche Ergebnis wird erhalten, wenn die Reaktion nach einem radikalischen Mechanismus verläuft. In allen drei Fällen ist die Umsetzung praktisch quantitativ regioselektiv. Bei einer Reihe weiterer Beispiele aus den vorhergehenden Abschnitten liegen ebenfalls regioselektive Reaktionen vor (s. z. B. Schemata 50 bis 52, 58 bis 60 und 90).

Die Bildung unterschiedlicher Mengen an möglichen Stereoisomeren aus einem Edukt wird in analoger Weise als *stereoselektiv* klassifiziert. Der Grad der Stereoselektivität kann quantitativ als „% Stereoselektivität" angegeben werden. Er wird mit der Formel 100 (a − b)/(a + b) berechnet, wobei a und b die Mengen der gebildeten Stereoisomeren sind.

Diastereoselektivität bedeutet danach, daß eines der bei einer Reaktion gebildeten möglichen Diastereomeren im Überschuß entsteht. Sie kann z. B. bei Additionen (Übergang eines Olefins in das erythro- bzw. threo-Produkt (s. Schema 10)) und bei Eliminierungen (Übergang eines Ethansystems in das (E)- bzw. (Z)-Olefin (s. Schema 58 und 60)) beobachtet werden.

Bei der *elektrophilen Addition* von DBr an 1-Phenylpropen in Dichlormethan entstehen wegen der Reaktion über ein Ionenpaar (s. Abschn. 2.2.) aus dem (E)-Edukt fast quantitativ das threo-Isomere des $C_6H_5-CHBr-CHD-CH_3$ und aus dem (Z)-Edukt das erythro-Isomere. Jeweils aus einem der diastereomeren Edukte wird ein bestimmtes diastereomeres Produkt gebildet. Dieser Fall, daß aus stereochemisch differenzierten Ausgangsstoffen stereochemisch differenzierte Endstoffe gebildet werden, wird als *stereospezifische Reaktion* bezeichnet (ELIEL 1966).

Dementsprechend sind auch die Reaktionen nach S_N2 oder die E2-Eliminierungen, die über einen antiperiplanaren AK verlaufen, stereospezifische Reaktionen (vgl. Abschn. 2.1. und 2.3.). Da bei stereospezifischen Reaktionen aus einem bestimmten Eduktisomeren bevorzugt (bis ausschließlich) nur eines von mehreren möglichen isomeren Produkten entsteht, sind stereospezifische auch immer stereoselektive Reaktionen, während die umgekehrte Folgerung nicht zulässig ist, wie das Beispiel in Schema 100 zeigt.

Schema 100
Addition von HBr an (E)- und (Z)-2-Brom-but-2-en

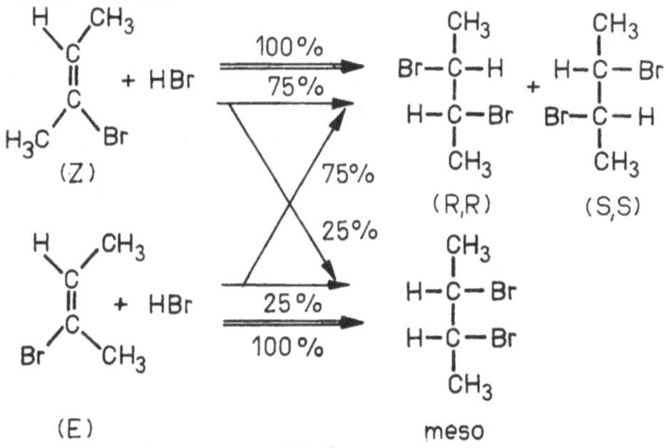

⇒ bei −78 °C: stereospezifisch
→ bei 0 °C: stereoselektiv

Bei −78 °C entsteht aus dem (Z)-Isomeren des 2-Brom-but-2-ens durch HBr-Addition das DL-Dibrombutan, aus dem (E)-Isomeren dagegen die meso-Form. Die Reaktion verläuft damit stereospezifisch (speziell: diastereospezifisch) und ist jeweils stereoselektiv. Wird die Reaktion dagegen bei 0 °C durchgeführt, so bilden sich aus den beiden isomeren Olefinen identische Produktgemische mit hohem DL-Anteil (75%), so daß die Umsetzung zwar 50% stereoselektiv (speziell: diastereoselektiv), aber nicht mehr stereospezifisch verläuft.

Das aus dem (Z)-Edukt stereospezifisch gebildete Diastereomere fällt, wie immer in solchen Fällen, als Racemform an. Eine Möglichkeit, optisch aktive diastereomere Verbindungen herzustellen, wird im Abschn. 4.2. dargestellt.

Wie stark die Selektivität bzw. Spezifität von den Reaktionsbedingungen und der Struktur der Reaktionspartner abhängen, konnte schon am Beispiel elektrophiler Halogenadditionen an olefinischen Doppelbindungen gezeigt werden. Im Abschn. 2.2. wurde auf den Zusammenhang zwischen der Struktur der reaktiven Zwischenstufe der A_E-Reaktion (Ionenpaar, verbrücktes Ion, offenes Ion) und der Stereochemie der bevorzugt entstehenden Produkte hingewiesen. Veränderungen in der Selektivität in Abhängigkeit von inneren und äußeren Einflüssen spiegeln danach Veränderungen im Detailmechanismus wider.

Reaktionen, bei denen ein neues Chiralitätszentrum gebildet wird und die so geführt werden, daß eines der beiden möglichen Enantiomeren im Überschuß entsteht, werden als *enantioselektive Reaktionen* bezeichnet. Ihr Ziel ist letztendlich die Herstellung reiner, optisch aktiver Verbindungen. Voraussetzung für den Ablauf derartiger Reaktionen ist die Bildung chiraler diastereomerer AK, die unterschiedliche Energie besitzen und dadurch mit unterschiedlicher Geschwindigkeit in die Enantiomeren übergehen. In einem achiralen Reaktionssystem, in dem sich bei der Bildung eines neuen Chiralitätszentrums nur enantiomere AK gleichen Energieinhalts ausbilden können, entsteht dagegen immer die Racemform der Produkte.

4.2. *Asymmetrische Synthese*

Als asymmetrische Synthesen [34—37] werden Reaktionen bezeichnet, bei denen aus einer achiralen Einheit durch Umsetzung mit einem Reagens eine chirale Einheit in der Weise gebildet wird, daß eines der Stereoisomeren im Überschuß entsteht. Meistens geht das neue chirale Zentrum aus einer prochiralen Einheit hervor (zur Prochiralität s. [38, 39]). Enzymatische Reaktionen oder chemische Reaktionen in lebenden Organismen sind asymmetrische Synthesen, die mit höchster Stereoselektivität ablaufen, da in der Regel nur eines der beiden möglichen Enantiomeren entsteht. Als

Maßzahlen für die Güte asymmetrischer Synthesen werden der *Enantiomerenüberschuß* (*enantiomeric excess, e. e.*) in Prozent oder die *optische Ausbeute* in Prozent angegeben. Für eine spezielle asymmetrische Synthese sind die beiden Maßzahlen gleich. Der Enantiomerenüberschuß ist definiert als die Differenz aus den Anteilen des im Überschuß und des in geringerer Menge entstehenden Enantiomeren in Prozent:

$$\begin{aligned} \text{e. e.}(\%) &= \text{A}(\%) - \text{B}(\%) \\ \text{A}(\%) + \text{B}(\%) &= 100(\%) \end{aligned} \tag{22}$$

Die optische Ausbeute ist der mit 100% multiplizierte Quotient von gemessenem spezifischem Drehwert des Reaktionsprodukts und dem spezifischen Drehwert des reinen Enantiomeren:

$$\text{Optische Ausbeute } (\%) = \frac{[\alpha]_{\text{Reaktionsprodukt}}}{[\alpha]_{\text{Enantiomeres}}} \cdot 100\% \tag{23}$$

Für praktische Belange werden Enantiomerenüberschüsse von mehr als 50% angestrebt. Zur Gesamtbeurteilung der Reaktion ist außer dem erreichten Enantiomerenüberschuß natürlich auch die chemische Ausbeute zu beachten.

Die Bildung der für die asymmetrischen Synthesen notwendigen chiralen diastereomeren AK kann auf zwei Wegen erfolgen:

a) Ein optisch aktives Ausgangsmaterial, das eine reaktionsfähige achirale oder prochirale Gruppierung besitzt, kann mit einem achiralen Reagens umgesetzt werden. Dabei bewirkt das bereits vorhandene Chiralitätszentrum im Edukt eine *interne asymmetrische Induktion:* Es werden in der Regel zwar beide Diastereomere gebildet, eines davon jedoch im Überschuß. Diese Synthesen werden als *diastereoselektive* oder als *indirekte asymmetrische Synthese* bezeichnet (Fall 1).

Als Beispiel ist im Schema 101 die Umsetzung von Carbonylverbindungen, die ein benachbartes Chiralitätszentrum besitzen, mit GRIGNARD-Reagenzien dargestellt. Aus der prochiralen Carbonylgruppe entsteht die chirale Alkoholgruppierung, deren Konfiguration mit Hilfe der CRAM*schen Regel* (1952) häufig vorhergesagt werden kann.

Mehrere an optisch aktiven Naturstoffen durchgeführte Reaktionen stellen indirekte asymmetrische Synthesen dar. Oft werden Naturstoffe oder aus ihnen gut zugängliche optisch aktive Verbindungen als asymmetrischer Induktor mit den optisch inaktiven

Schema 101

Diastereoselektive Reaktion von Carbonylverbindungen mit GRIGNARD-Verbindungen

Beispiel:

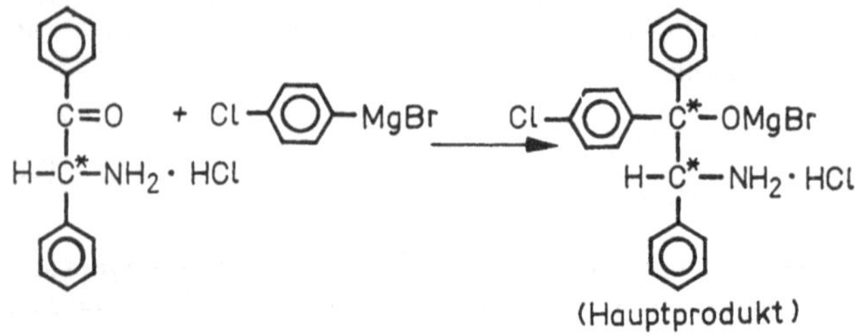

CRAM*sche Regel*:

1. Der AK bevorzugt diejenige Konformation, in der die CO-Doppelbindung von den beiden kleinsten Substituenten (S, M) am benachbarten asymmetrischen C-Atom (C*) flankiert wird.
2. Das nukleophile Agens greift bevorzugt von der Seite des kleinsten Liganden (S) an.

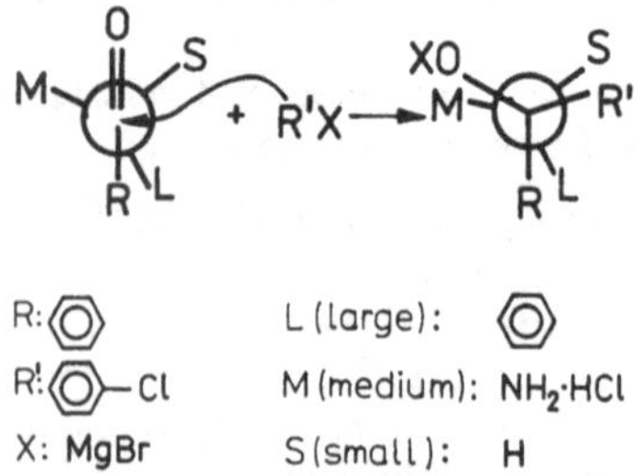

Verbindungen verknüpft, in die ein neues Chiralitätszentrum eingeführt werden soll. Nach Durchführung der Synthese wird das erhaltene Diastereomere in die optisch aktive Hilfsgruppe und in das gewünschte optisch aktive Produkt gespalten. Als Beispiel ist die MCKENZIE-*Synthese* von α-Hydroxy-carbonsäuren aus α-Keto-carbonsäuren angeführt (Schema 102).

Optisch aktiver Hilfsstoff ist hier (—)-Menthol, mit dem die Keto-carbonsäure verestert wird (Schema 102/1). Die Grignardierung der prochiralen Ketogruppe erfolgt nun unter asymmetrischer Induktion (102/2). Die Spaltung des diastereomeren Esters ergibt die optisch aktive α-Hydroxy-carbonsäure und (—)-Menthol (102/3).

Schema 102

Enantioselektive Synthese von α-Hydroxy-carbonsäuren: McKENZIE-Synthese mit chiralem Hilfsstoff

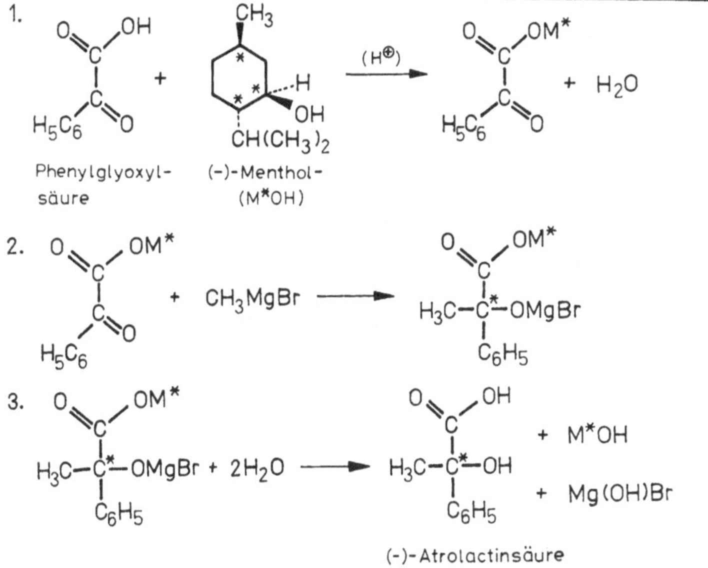

b) Wird optisch inaktives Ausgangsmaterial für eine asymmetrische Synthese verwendet, so muß mit einem chiralen Reagens oder einem chiralen Katalysator gearbeitet werden. Dabei erfolgt eine *externe asymmetrische Induktion*. Im Idealfall entsteht nur ein Enantiomeres (Enzymreaktionen), in der Regel fallen beide Enantiomere an, eines davon im Überschuß. Derartige Synthesen werden als *direkte asymmetrische Synthesen* oder als *enantioselektive Synthesen* bezeichnet (Fall 2).

Als Beispiel ist in Schema 103 die Umsetzung von Benzaldehyd zu L(+)-Mandelsäurenitril in Gegenwart des Enzyms Emulsin angegeben.

Im Schema 104 sind die beiden Möglichkeiten der asymmetrischen Synthese am Beispiel der *Reduktion* einer prochiralen *Carbonylgruppe* schematisch zusammengefaßt.

Der Durchbruch für die präparative Anwendung asymmetrischer Synthesen wurde um 1970 erreicht. Es wurden chirale Katalysa-

Schema 103
Enantioselektive Synthese von Mandelsäurenitril

Chiraler Katalysator: Enzym Emulsion

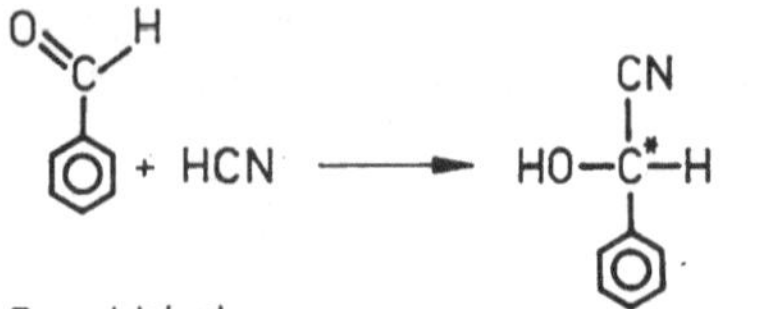

Benzaldehyd

L(+)-Mandelsäurenitril

Schema 104
Möglichkeiten der asymmetrischen Synthese

1. Chirale diastereoselektive Synthese

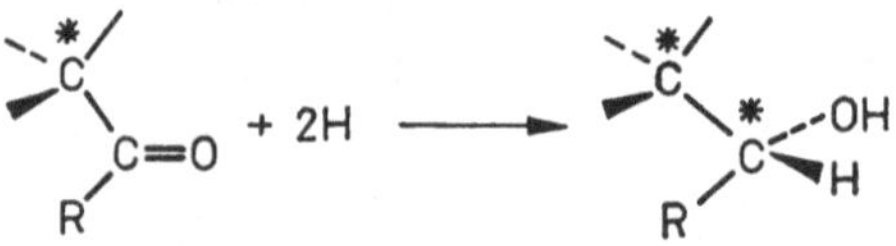

2. Enantioselektive Synthese:

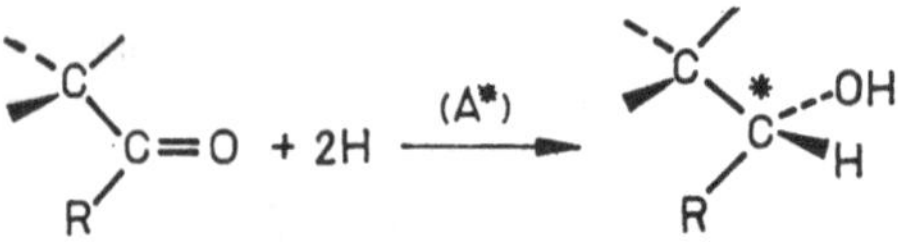

A*: chiraler Katalysator bzw. chirales Agens

toren gefunden, die es ermöglichten, Reaktionen mit einer Enantioselektivität durchzuführen, die der von enzymatischen Reaktionen nahekommt (Hydrierungen, Aldolkondensationen). Es gelang weiterhin, eine Vielzahl chemischer Standardreaktionen als asymmetrische Synthesen ablaufen zu lassen (u. a. Additionen an Doppelbindungssystemen, Cycloadditionen, Epoxidierungen, Hydroborierungen, Carben-Additionen, basenkatalysierte C-C-Knüpfungen, sigmatrope Umlagerungen [40]). Die Erweiterung des Potentials der asymmetrischen Synthese und die Erhöhung des Enantiomerenüberschusses stehen auch gegenwärtig im Mittelpunkt der Bearbeitung. Dem Einsatz von immobilisierten Enzymen oder Mikroorganismen für die Durchführung asymmetrischer Synthesen kommt dabei eine steigende Bedeutung zu.

Anhand der folgenden Beispiele sollen exemplarisch unterschiedliche chemische Reaktionen und Leistungsstand der gegenwärtigen asymmetrischen Synthesen demonstriert werden:

Im Zusammenhang mit der Synthese natürlich vorkommender *Aminosäuren* wurde die homogene Hydrierung von (Z)-N-Acylamido-acrylsäuren intensiv untersucht. Der Einsatz von Rhodium-Katalysatoren mit chiralen zweizähnigen Phosphinliganden ermöglicht die Hydrierung mit hoher Enantioselektivität [41] bei praktisch quantitativer Ausbeute (Schema 105).

Schema 105
Synthese von (S)-Aminosäuren

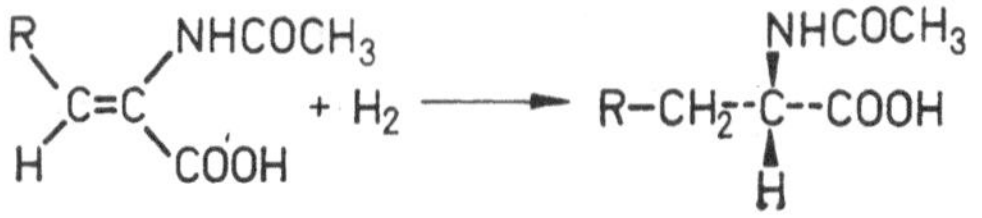

Katalysator: Rh(I) mit (R,R)-Skewphos als Ligand
Chemische Ausbeute: quantitativ

Optische Ausbeute:

R	%
H	95
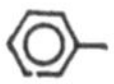	90
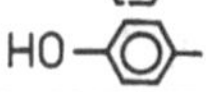	90

Chirale *Epoxide* [42] können z. B. in hohen optischen Ausbeuten aus Allylalkoholen mit tert-Butyl-hydroperoxid in Anwesenheit von Titantetraisopropylat und optisch aktiven Weinsäureestern erhalten werden.

Die im Schema 106 dargestellte Methode wurde zur Synthese von Zwischenprodukten für die Naturstoffe Erythromycin und Leukotrien erfolgreich angewandt.

C–C-Knüpfungsreaktionen unter Bildung chiraler Zentren besitzen große präparative Bedeutung [43]. Ein interessantes Beispiel einer *intramolekularen Kondensationsreaktion* ist in Schema 107 dargestellt. Aus dem prochiralen quartären C-Atom entsteht das neue Chiralitätszentrum. Bei Verwendung von (S)-Prolin als Katalysator verläuft die Reaktion mit hoher Enantioselektivität. Die erhaltene Verbindung ist ein wichtiges Zwischenprodukt für die Totalsynthese von Steroiden.

Die Chiralität einer Gruppe kann auch auf ein anderes Molekül

Schema 106
Asymmetrische Epoxidierung

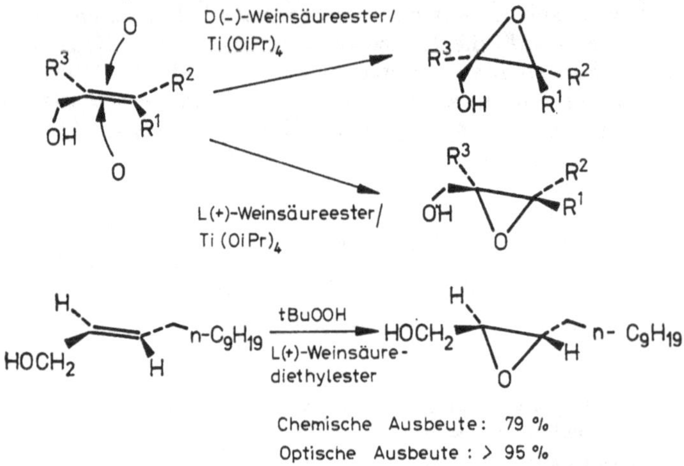

Schema 107
Intramolekulare asymmetrische Kondensation

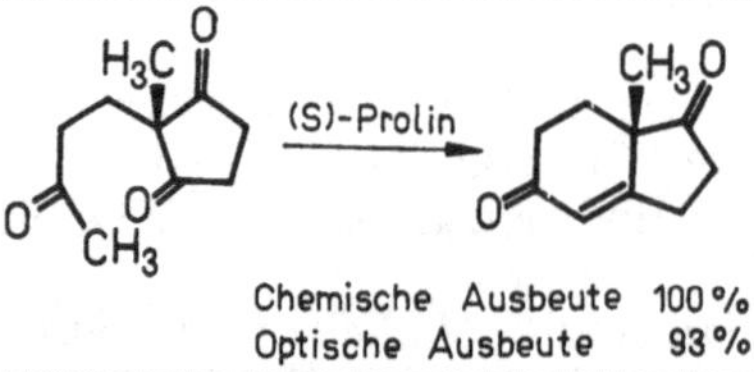

oder auf einen Molekülteil übertragen werden, wobei die ursprünglich chirale Gruppe achiral wird (*Chiralitätstransfer*). Im Schema 108 ist ein intramolekularer Chiralitätstransfer am Beispiel einer modifizierten Claisen-*Umlagerung* eines optisch aktiven Allylalkohols mit Orthoessigsäureethylester dargestellt. Trotz der drastischen Reaktionsbedingungen (22 h Erhitzen auf 180 °C) verläuft die Reaktion mit hoher Stereoselektivität. Als Zwischenprodukt entsteht der Allylether mit einer zusätzlichen Doppelbindung. Die hohe Stereoselektivität ist bedingt durch die nachfolgende, über einen sechsgliedrigen, sesselähnlichen AK ablaufende sigmatrope Umlagerung.

Hingewiesen sei auf die Vielzahl von Arbeiten über asymmetrische Reduktionen mit komplexen Metallhydriden unter Zusatz chiraler Hilfsstoffe [44] und auf die chirale diastereoselektive C—C-Verknüpfung, die vor allem Bedeutung für die Synthese der in vielen Naturstoffen vorkommenden β-Hydroxycarbonylgruppierung (Aldole) hat [45].

Schema 108

Modifizierte Claisen-Umlagerung als Beispiel für einen Chiralitätstransfer

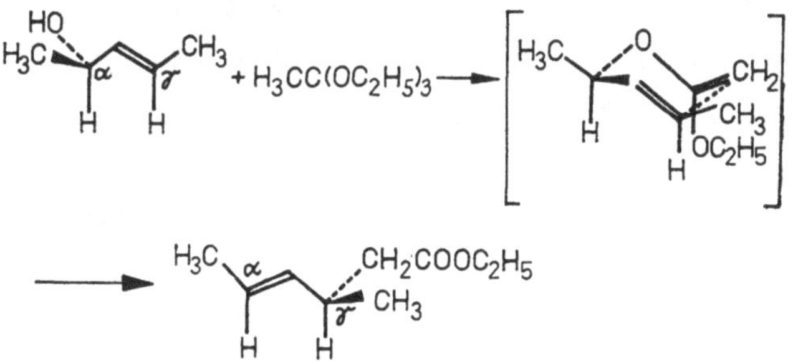

Chemische Ausbeute: 68%
Optische Ausbeute: > 90%
trans-Doppelbindung: > 98%

4.3. Absolute asymmetrische Synthese

Erfolgt bei einer enantioselektiven Synthese in Abwesenheit chiraler Agenzien die chirale Beeinflussung rein physikalisch, dann spricht man von *absoluter* oder *totaler asymmetrischer Synthese.* Erwartungsgemäß ist die Enantioselektivität bei diesen Reaktionen sehr niedrig. Als chirale physikalische Einflüsse kommen z. B. zirkularpolarisiertes Licht [46] oder eine enantiomorphe Kristallstruktur [47] in Frage.

So konnten bei der Einwirkung von gasförmigem (g) oder flüssigem (l) Brom auf enantiomorphe Kristalle des Substrats 4,4'-Dimethylchalkon Additionsprodukte mit schwacher optischer Aktivität gefunden werden (Schema 109).

Da in beiden Fällen die erythro-Form des Dibromethansystems mit einem Anteil > 90% entstand, bedeutet das, daß jeweils

Schema 109
Absolute asymmetrische Synthese

Chiraler Einfluß: enantiomorphe Einkristalle des 4,4'-Dimethyl-chalkon

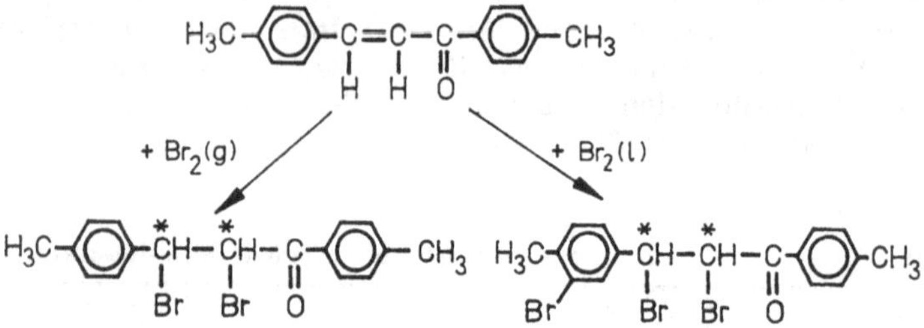

erythro: > 90 % erythro: >90 %

Optische Ausbeute: 6 %

eines der beiden enantiomeren erythro-Produkte in geringem Überschuß gebildet wurde. Aus dem Vergleich der optischen Drehungen von Produktgemisch und einem reinen Enantiomeren ergab sich für das eine Enantiomere ein Überschuß von 6%.

5. Quantifizierung sterischer Effekte

Eine der wesentlichen Aufgaben der Chemie besteht darin, Beziehungen zwischen der Struktur von Verbindungen und ihrer Reaktivität herzustellen, wobei im qualitativen Sinne Aussagen über den Reaktionsort bzw. die Art der zu erwartenden chemischen Umwandlung und im quantitativen Sinne Zusammenhänge zwischen der Geschwindigkeit bzw. der Gleichgewichtslage von Reaktionen und strukturellen Eigenheiten der Edukte gesucht werden. Den elektronischen Einfluß quantitativ zu erfassen, ist — ausgehend von den HAMMETTschen Arbeiten — in der Gestalt von *Lineare-Freie-Energie-Beziehungen* (*LFEB*) weitgehend gelungen (s. z. B. [48]). Wegen der engen Kopplung der sterischen mit den elektronischen Effekten sowie des unterschiedlichen Charakters der sterischen Effekte auf Reaktionen ist deren Quantifizierung dagegen auch heute noch ein Problem.

Um dieses Problem zu lösen, werden folgende prinzipielle Möglichkeiten untersucht.

a) Nutzung von Reaktivitätsdaten aus Reaktionsserien, für die sich das Vorherrschen sterischer Einflüsse nachweisen läßt;

b) Vergleich der sterischen Einflüsse auf Konformationsgleichgewichte mit denen auf Reaktionen.

Beide Alternativen führen zu empirischen Zusammenhängen zwischen Reaktivität und sterischen Effekten, die sich in die LFEB einordnen lassen.

c) Korrelation sterischer Effekte mit der räumlichen Ausdehnung von Substituenten;
d) Empirische und theoretische Berechnungen zu den sterischen Veränderungen im Reaktionsablauf und den damit verbundenen Energieänderungen.

In den folgenden Abschnitten sollen Ansätze für diese Möglichkeiten kurz charakterisiert und an einigen Beispielen erläutert werden.

5.1. *Analyse von Reaktionsserien* [49—51]

Bei der Untersuchung von LFEB wird von der klassisch-chemischen Vorstellung vom *Reaktionszentrum* RZ ausgegangen, das durch die Wirkung von *Substituenten* X in seiner Reaktivität beeinflußt wird. Steht der zu variierende Substituent vom Reaktionszentrum weggerichtet und ausreichend weit entfernt, wie im Falle eines 1,4-Phenylen- (**22**) oder eines Bicyclo-[2.2.2]-octan-1,4-diyl-Systems (**23**), dann wird seine Wirkung auf das Reaktions-

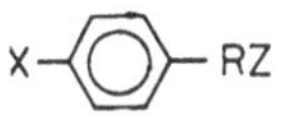
22

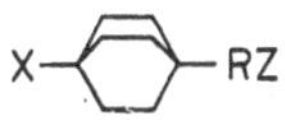
23

zentrum ausschließlich von elektronischen Effekten bestimmt. Der quantitative Zusammenhang zwischen elektronischer Substituentenwirkung und Reaktivität des Reaktionszentrums kann dann für eine gegebene Reaktion bei festgehaltenem Reaktionszentrum und unveränderter Brücke zum Substituenten in der Form einer Hammett-*Gleichung* (24) geschrieben werden:

$$\ln (k_X/k_H) = \varrho \cdot \sigma_X \tag{24}$$

Die *Reaktionskonstante* ϱ ist darin ein Maß für die Empfindlichkeit des gegebenen Reaktionszentrums gegenüber der elektronischen Substituentenwirkung, quantitativ ausgedrückt durch die *Substituentenkonstante* σ_X. Für alle Reaktionsserien, bei denen durch Substituentenvariation die sterische Spannung am Reaktionszentrum (back-strain-Effekt) oder dessen Abschirmung gegenüber Agenzien (front-strain-Effekt) verändert wird, enthält der Substituenteneinfluß neben dem elektronischen auch noch diesen sterischen Anteil, der nicht mehr unmittelbar separiert werden kann.

Nur eine Reaktionsserie, für die aus mechanistischen Gründen die experimentelle Bruttoempfindlichkeit des Reaktionszentrums gegenüber dem elektronischen Substituenteneffekt, d. h. die elektronische Reaktionskonstante ϱ, gegen Null geht, könnte für die Quantifizierung der sterischen Substituentenwirkung als Grundlage dienen. Eines der TAFT-*Postulate* besagt nun in Übertragung der Situation bei der sauren *Hydrolyse* von substituierten Benzoesäureestern (**24**) ($\varrho \sim 0$), daß bei der sauren Hydrolyse aliphatischer Ester (**25**) ebenfalls keine elektronischen Effekte wirken und damit Geschwindigkeitsänderungen bei Variation von X auf sterische Substituenteneffekte zurückgeführt werden müssen.

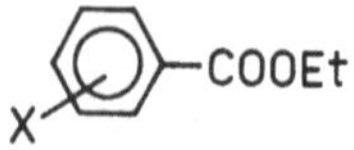 **24**

X—COOEt **25**

Deshalb kann Gl. (25) zur Definition sterischer Substituentenkonstanten E_s benutzt werden:

$$X{-}COOEt + H_2O \xrightarrow{(H^+)} X{-}COOH + EtOH;$$

$$\ln (k_X/k_H)_{sauer} = \delta(E_s)_X \qquad (25)$$

Die Werte der TAFT*schen E_s-Konstanten* (Schema 110) zeigen:

a) Eine Vergrößerung von X führt zu stärker negativen E_s-Werten, d. h. zu einer Verringerung der Geschwindigkeit der sauren Hydrolyse. Das ist in Übereinstimmung mit der sterischen Situation im geschwindigkeitsbestimmenden Schritt, dem nukleophilen Angriff des Agens auf das Carboxyl-C-Atom (Gl. (26)). Ein vergrößerter Substituent X schirmt das Reak-

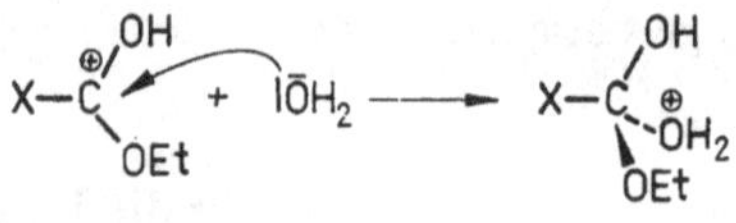 (26)

tionszentrum gegenüber dem nukleophilen Angriff stärker ab und bewirkt außerdem eine höhere Spannung im tetraedrischen Additionsprodukt. Die E_s-Werte enthalten damit sowohl den *front-strain-* als auch den *back-strain-Effekt.*

b) Der Betrag der E_s-Werte steigt in Übereinstimmung mit der Erwartung mit dem *Verzweigungsgrad* des Substituenten X und

Schema 110
Sterische Substituentenkonstanten E_s, bezogen auf Wasserstoff [51]

Substituent	E_s	Substituent	E_s
$-H$	0	$-CN$	−0,51
$-CH_3$	−1,24	$-OH$	−0,55
$-CH_2CH_3$	−1,31	$-OCH_3$	−0,55
$-CH_2CH_2CH_3$	−1,6	$-SH$	−1,07
$-CH(CH_3)_2$	−1,71	$-SCH_3$	−1,07
$-CH_2CH_2CH_2CH_3$	−1,63	$-CH_2F$	−1,48
$-CH_2CH(CH_3)_2$	−2,17	$-CHF_2$	−1,91
$-C(CH_3)_3$	−2,78	$-CF_3$	−2,4
$-CH_2C(CH_3)_3$	−2,98	$-CH_2Cl$	−1,48
$-CH(CH_3)C(CH_3)_3$	−4,57	$-CHCl_2$	−2,78
$-C(CH_3)_2C(CH_3)_3$	−5,14	$-CCl_3$	−3,3
$-CH[CH(CH_3)_2]_2$	−3,35	$-CH_2Br$	−1,51
$-CH[CH_2CH(CH_3)_2]$	−3,71	$-CHBr_2$	−3,1
$-CH[CH_2C(CH_3)_3]$	−4,42	$-CBr_3$	−3,67
$-cyclo\text{-}C_4H_7$	−1,3	$-CH_2I$	−1,61
$-cyclo\text{-}C_5H_9$	−1,75	$-CH_2(C_6H_5)$	−1,61
$-cyclo\text{-}C_6H_{11}$	−2,03	$-CH(C_6H_5)_2$	−2,7
$-cyclo\text{-}C_7H_{13}$	−2,31	$-C(C_6H_5)_3$	−5,92
$-CH{=}CH_2$	−2,84	$-CH_2OH$	−1,21
$-CH{=}CHCH_3$	−2,87	$-CH_2OCH_3$	−1,43
$-C(CH_3){=}CH_2$	−3,32	$-CH_2COCH_3$	−1,99
$-F$	−0,46	$-NH_2$	−0,61
$-Cl$	−0,97	$-\overset{\oplus}{N}(CH_3)_3$	−2,84
$-Br$	−1,16	$-CH_2\overset{\oplus}{N}H_3$	−3,54
$-I$	−1,4	$-CH_2\overset{\oplus}{N}(CH_3)_3$	−4,13

mit den *Wirkradien* der beteiligten Atome. Der letztere Zusammenhang konnte von CHARTON statistisch gesichert und zur Ableitung weiterer E_s-Werte benutzt werden (s. Abschn. 5.3.).

Von den in der Literatur diskutierten Vorbehalten gegen das TAFTsche Konzept der E_s-Werte soll hier auf zwei entscheidende eingegangen werden.

a) *Die E_s-Werte sind nicht so breit anwendbar wie die elektronischen Substituentenkonstanten.*

Das ist nicht überraschend, wenn berücksichtigt wird, daß eine Vergrößerung des Substituenten X in aliphatischen Systemen eine Abschirmung des Reaktionszentrums, eine Erhöhung der sterischen Spannung um das Reaktionszentrum bzw. eine veränderte Einstellung von Konformationen bewirken kann. Diese Effekte werden aber in Abhängigkeit vom konkreten Mechanismus mit unterschiedlichem Gewicht in die sterische Gesamtwirkung eingehen und deshalb unterschiedlich gut durch die von der sauren Esterhydrolyse abgeleiteteten E_s-Werte beschrieben werden.

b) *Die E_s-Werte sind keine reinen sterischen Substituentenkonstanten, sie enthalten noch elektronische Anteile.*

Besonders wurde dabei auf Hyperkonjugationseffekte hingewiesen. Das hat immer wieder zu Neubestimmungen geführt, wobei die prinzipiellen Abstufungen erhalten bleiben. Eine faktoranalytische Untersuchung einer großen Gruppe von E_s-Werten ergab aber, daß die E_s-Werte reine sterische Substituentenkonstanten sind, deren Größe wesentlich durch das Substituentenvolumen und die Anordnung des Substituenten relativ zum Reaktionszentrum bestimmt wird.

Demnach bleibt es sinnvoll, den sterischen Effekt von Substituenten durch ihre E_s-Werte in Struktur-Reaktivität- bzw. in Struktur-Aktivität-Beziehungen [52] versuchsweise quantitativ zu erfassen.

5.2. *Untersuchung von Konformationsgleichgewichten* [53]

Die Gleichgewichtslage zwischen zwei Konformeren bzw. die Geschwindigkeit ihrer Umwandlung ineinander wird entscheidend dadurch bestimmt, wie stark nichtbindende Wechselwirkungen die freie Enthalpie der Konformeren (ΔG) stabilisieren oder destabilisieren bzw. die Rotationsbarriere ($\Delta G^{\neq}$) verändern. Diese nichtbindenden Wechselwirkungen bestimmen aber auch, was gegenüber einem externen Partner als „Substituentenvolumen“ spürbar wird und dem Wesen nach eigentlich elektronische Ursachen hat (s. Abschn. 3.3.). Gleichzeitig bleibt bei Konformationsänderungen das σ-Bindungsgerüst praktisch unverändert, weshalb in den Rotationsbarrieren bzw. Gleichgewichtslagen bei Rotationen um reine Einfachbindungen „through-bond“-elektronische Effekte im allgemeinen vernachlässigt werden können. Die Rotationsbarrieren lassen sich außerdem durch dynamische NMR-Messungen [2] relativ leicht bestimmen. Aus diesen Gründen sind wiederholt freie Aktivierungsenthalpien $\Delta G^{\neq}$ bzw. freie Konformationsenthalpien $\Delta G^{\ominus}$ als quantitatives Maß für den sterischen Substituenteneinfluß vorgeschlagen worden.

Am bekanntesten sind die freien Enthalpiewerte $\Delta G_X^{\ominus}$ für das

Gleichgewicht zwischen der äquatorialen und axialen *Konformation einfach substituierter Cyclohexane* (Schema 111).

Die Bevorzugung der äquatorialen Form hat ihre wesentliche Ursache im Wegfall der cis-1.3-diaxialen Wechselwirkungen mit den Wasserstoffatomen und wird um so größer, je größer der Raumbedarf von X ist. Diese Korrelation versagt aber, wenn die Bindungslänge C—X stark wächst, weil dann die Wechselwirkung mit den Wasserstoffatomen, die in vergleichsweise kurzem Abstand vom Ring stehen, wieder abnimmt. Das zeigt der Vergleich der $\Delta G_X^{\ominus}$-Werte für die Halogene.

Schema 111

a/e-Gleichgewichte in substituierten Cyclohexanen

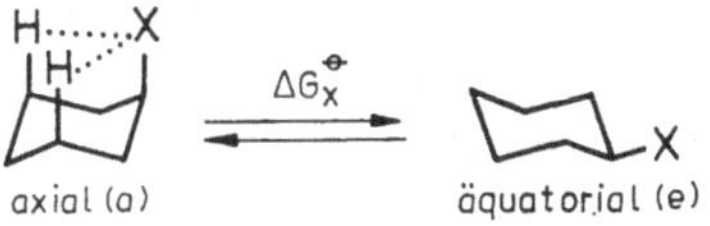

X	$-\Delta G_X^{\ominus}$ (kJ/mol)	X	$-\Delta G_X^{\ominus}$ (kJ/mol)
F	0,63	CH_3	7,1
Cl	1,8	CH_2CH_3	7,3
Br	1,6	$CH(CH_3)_2$	9,0
I	1,8	$C(CH_3)_3$	≈50
OH	2,2[1]), 3,6[2])	$CH{=}CH_2$	5,6
OCH_3	2,5	$C{\equiv}CH$	0,75
$OCOCH_3$	2,5	C_6H_5	12,6
OT_s	2,1	$c{-}C_6H_{11}$	9,0
SH	3,8	COOH	5,6
SC_6H_5	3,3	$COO^{\ominus}$	8,0
NO_2	4,6	$COOCH_3$	5,3
NH_2	5,0[1]), 6,7[2])	COCl	5,2
$NH_3^{\oplus}$	7,9	$COCH_3$	4,9
$N(CH_3)_2$	8,8	CN	0,7

[1]) in aprotischem Lösungsmittel

[2]) in protischem Lösungsmittel

Der Raumbedarf eines Substituenten wird um so genauer erfaßt werden, je vollständiger er durch den Partner „umfaßt" wird. Von Vögtle [53] wurde dazu die *Ringinversion geeigneter Phane* herangezogen (Schema 112).

Schema 112

Quantitative Charakterisierung der Ringinversion in Phanen

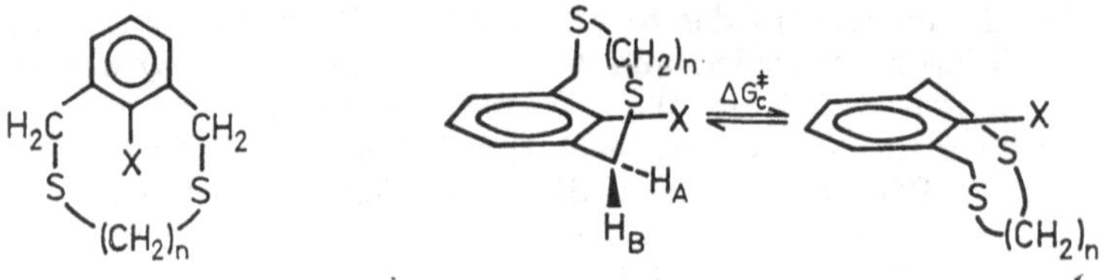

$n = f(X)$ bei $\Delta G_c^{\ddagger} = 62{,}8$ kJ/mol

X	F	OH	NH_2	NO_2	Cl	CH_3	CN	Br	OCH_3	I	SCH_3	CO_2CH_3
n	5,1	6,3	7,2	7,9	8,1	8,5	8,9	9,2	9,5	9,9	10,3	12,1

Für diese Diastereotopomerisierung wurden mit Hilfe der dynamischen ^{1}H-NMR-Spektroskopie die freien Aktivierungsenthalpien als Funktion von der Kettenlänge n ($\Delta G_c^{\ddagger} = f(n)$) für die verschiedenen Substituenten X bestimmt. Die daraus erhältlichen n-Werte für den vorgegebenen Wert $\Delta G_c^{\ddagger} = 62{,}8$ kJ/mol (15 kcal/mol) sollten dann ein quantitatives Maß für die Größe von X sein, das in Übereinstimmung mit der Erwartung und der experimentellen Erfahrung steht.

5.3. *Korrelationen mit der Substituentengröße*

Die volumenbedingten sterischen Effekte (s. z. B. Abschn. 3.3. bis 3.6.) sind unmittelbar mit der Vorstellung von der Größe der Substituenten verbunden. Dabei muß die geometrische Größe energetisch als Widerstand verstanden werden, der sich der unbegrenzten Annäherung anderer nicht direkt gebundener Atome oder Atomgruppen an einen Substituenten entgegenstellt. Die so bestimmten *Wirkradien* bzw. VAN-DER-WAALS-*Radien* oder *Substituentenvolumina* [25] hängen allerdings von der Bestimmungsmethode, der Natur der Bindungen im Substituenten, dem Aggregatzustand und der Temperatur ab. Deshalb stellen die publizierten Sätze von Wirkradien jeweils in sich optimierte Mittelwerte für die Atome dar, und die mit ihrer Hilfe konstruierten raumfüllenden Molekülmodelle (Kalottenmodelle) können einen genäherten Eindruck vom Raumbedarf von Molekülen und Atomgruppen geben, der für viele qualitative Diskussionen ausreicht.

Zur quantitativen Korrelation zwischen Substituentengröße und

Reaktivität wurden verschiedene geometrische Größen herangezogen, z. B.:

a) *v.d.W.-Radien*: Charton [54] verwendete die v.d.W.-Radien zur Ableitung einer neuen sterischen Substituentenkonstante ν_X (Schema 113/1) für einatomige bzw. symmetrische A_3B-Substituenten. Dieses Verfahren war für unsymmetrische Substituenten bzw. Substituenten mit mehr als vier Atomen nicht anwendbar. Charton benutzte deshalb die Korrelationsgleichungen vom Typ (27), die mit den vorhandenen ν_X-Werten erhalten

$$\ln k_X = \psi\nu_X + h \qquad (27)$$

wurden, um aus Veresterungs- bzw. Hydrolysegeschwindigkeiten der Säuren XCOOH bzw. der Ester XCOOR die ν_X-Werte weiterer Substituenten zu bestimmen (Schema 113/1).

b) *Kegelöffnungswinkel:* Tolman [55] charakterisierte den Raumbedarf eines Phosphorliganden $-PR_3$ quantitativ durch den Öffnungswinkel Θ des in Schema 113/2 definierten Kegels und untersuchte damit den sterischen Einfluß des Liganden z. B. auf die homogene Katalyse. Mit dem Kegelöffnungswinkel Θ wird schon berücksichtigt, daß eine Rotation um die Achse Substituent—Molekülrumpf möglich ist.

c) *Substituentenvolumen:* Der Raumbedarf eines Substituenten in einem reagierenden System sollte seinem van-der-Waals-Volumen entsprechen. Deshalb wurden v.d.W.-Volumina oft als sterische Parameter in Korrelationen einbezogen. Sie lassen sich wegen der Additivität der Molvolumina relativ leicht mit Hilfe von Inkrementsystemen berechnen, die eine unterschiedliche Herkunft besitzen können. Das Inkrementsystem von Exner [56] z. B. wurde aus den Molmassen und experimentellen Dichten einer großen Zahl von Stoffen abgeleitet, das Inkrementsystem von Bondi [57] dagegen aus Volumenberechnungen mit Hilfe experimenteller van-der-Waals-Radien unter der Annahme sphärischer Atome. Einige Substituentenvolumina nach Exner (V_{EX}) bzw. nach Bondi (V_{BO}) sind in Schema 113/3 zusammengestellt. Korrelationen mit diesen Substituentenparametern werden den sterischen Effekt dann relativ gut wiedergeben, wenn die Substituenten einatomig, rotationssymmetrisch bzw. nahezu kugelförmig sind.

Bei mehratomigen Substituenten können allerdings bei nahezu gleichem Bruttovolumen aber unterschiedlicher Verzweigung, wie

Schema 113

Quantifizierung der Substituentengröße

1. VAN-DER-WAALS-Radien nach CHARTON

$\nu_x = r_{v.d.w.}(X) - r_{v.d.w.}(H)$

X: einatomig 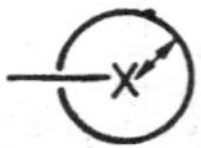 $r_{v.d.w.}$ X: symmetrisch —AB_3 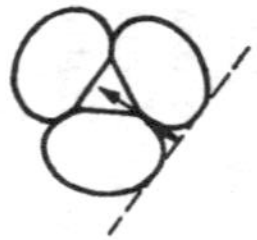 $r_{v.d.w.}$

X	H	F	Cl	Br	I	CH_3	CF_3	$C(CH_3)_3$	CCl_3	CBr_3	CI_3
ν_x	0	0,27	0,55	0,65	0,78	0,52	0,91	1,24	1,38	1,56	1,79

aus Reaktivitätsdaten:

X	CH_2CH_3	$CH_2CH_2CH_3$	CH_2Ph	$CH(CH_3)_2$	c-C_6H_{11}	$CHPh_2$	$CH_2C(CH_3)_3$	Ph
ν_x	0,56	0,68	0,70	0,76	0,87	1,25	1,34	1,66

Schema 113 (Fortsetzung)

2. Kegelöffnungswinkel nach Tolman:

X: symmetrisch — PR_3

X	PH_3	$P(OCH_3)_3$	$P(CH_3)_3$	PCl_3	PBr_3	$P(Ph)_3$	$P[C(CH_3)_3]_3$
Θ (grd)	87	107	118	124	131	145	182

Im Vergleich:

X	H	CH_3	F	Cl, CH_2CH_3	Br, Ph	I	$CH(CH_3)_2$	$C(CH_3)_3$
Θ (grd)	75	90	92	102	105	107	114	126

3. Substituentenvolumina nach Exner und Bondi:

X	H	F	CN	Cl	CHO	Br	CH_3	CF_3
V_{EX} (cm^3/mol)	14,90	15,11	22,67	22,96	25,08	26,19	31,48	32,11
V_{BO} (cm^3/mol)	3,40	5,80	14,70	11,65	15,70	14,50	13,67	23,21

z. B. bei der n- und der tert-Butylgruppe, extreme Unterschiede in der sterischen Wirkung (s. E_s-Werte) auftreten. Außerdem wirkt die Möglichkeit der Rotation nichtrotationssymmetrischer Substituenten um die Achse Substituent—Molekülrumpf in Richtung eines erhöhten Raumbedarfs. Beide Effekte sind in der Bruttogröße Substituentenvolumen nicht erfaßt. Zu ihrer Berücksichtigung wurden Ansätze gemacht, die näherungsweise den Raumbedarf der Körper erfassen, die bei der Rotation der Substituenten entstehen.

Die Aussicht, mit der Substituentengröße „reine sterische" Substituentenkonstanten konstruieren zu können, hat sich bisher nur in speziellen Fällen als erfolgreich erwiesen.

5.4. Berechnung der Spannungsenergie

Die bisher vorgestellten Vorgehensweisen zur Quantifizierung des sterischen Effekts gehen von der Vorstellung aus, daß Substituenten durch ihre Raumerfüllung im Sinne des front- bzw. back-strain-Effekts wirken. Dabei wird außer acht gelassen, daß die räumliche Umordnung der Partner im geschwindigkeitsbestimmenden Schritt die gesamte Molekülstruktur erfaßt und damit auch Veränderungen von Bindungslängen und -winkeln sowie Verdrillung um Bindungen einschließt.

Die konsequenteste ganzheitliche Behandlung der Energie- und Strukturveränderungen beim Ablauf einer Reaktion ist die Berechnung der entsprechenden Energiehyperfläche mit Hilfe quantenchemischer Methoden. Das Ergebnis ist dann nicht mehr in den Kategorien „elektronische" und „sterische" Wirkung willkürfrei diskutierbar.

Es ist allerdings üblich, den Begriff der *sterischen Spannung* bzw. der *Spannungsenergie* (strain energy) zu verwenden. Er kennzeichnet den Energieaufwand, der nötig ist, um die reale Struktur eines Moleküls abweichend von „normalen" Werten für Bindungslängen, -winkel und Diederwinkel zu erhalten. Das heißt, daß Moleküle, in denen diese „normalen" Werte realisiert sind, als ohne sterische Spannung (steric strain) angesehen werden. Eine ausführliche Diskussion der sterischen Spannung in Molekülen findet man in [58].

Die Berechnung der Spannungsenergie erfolgt meistens mit Hilfe einer empirischen Methode zur Berechnung von Konformationen und deren Energien, die unter den Namen „*Kraftfeld-*",

„force field“- bzw. *„molecular mechanics“-Rechnungen* in der Literatur bekannt ist [59—62]. Dabei wird die Spannungsenergie E formal in vier Komponenten aufgeteilt, die

— die Energieerhöhung E_R durch die Abweichung aller Bindungsabstände im Molekül von den Normalwerten,
— die Energieerhöhung E_Θ durch Verformung der Bindungswinkel,
— die Energieerhöhung E_Φ durch die Abweichungen von den idealen Diederwinkeln (Torsionsenergie) und
— die Energie der Wechselwirkung nicht aneinander gebundener Atome E_{nb}

wiedergeben (Schema 114). Die einzelnen Beiträge werden über empirische Potentialansätze berechnet.

Schema 114
Beiträge zur Spannungsenergie

Spannungsenergie: $E = E_R + E_\Theta + E_\Phi + E_{nb}$

1. Energieerhöhung durch Veränderung der Bindungsabstände *r*

$E_R = \sum E_r(\Delta r)$ über alle Bindungen $\qquad \Delta r = r - r_0$

$$E_r(\Delta r) = \frac{k}{2} (\Delta r)^2$$

z. B.

Bindung	$10^{-5} \cdot k$ (kJ/mol · nm²)
C—H	2,90
C—C	2,71
C=C	5,77
C=O	7,28

2. Energieerhöhung durch Veränderung der Bindungswinkel ϑ

$E_\Theta = \sum E_\vartheta(\Delta\vartheta)$ über alle Winkel $\qquad \Delta\vartheta = \vartheta - \vartheta_0$

$$E_\vartheta(\Delta\vartheta) = \frac{k}{2} (\Delta\vartheta)^2$$

z. B.

Winkel	$10^{-2} \cdot k$ (kJ/mol · rad²)
C—C—H	3,30
H—C—H	1,92
C=C—H	4,09
C—C—C	4,81

Schema 114 (Fortsetzung)

3. Energieerhöhung durch Abweichungen vom idealen Diederwinkel
$\varphi = 60°$ (Torsionsenergie)

$$E_{\Phi} = \sum E_{\varphi}(\varphi)$$
über alle rotationsfähigen Bindungen

$$E_{\varphi}(\varphi) = \frac{V_0}{2}(1 + \cos 3\varphi)$$

z. B. Bindung	V_0 (kJ/mol)
C–C	11,7
C–O	4,6
C–N	7,9

4. Energie der VAN-DER-WAALS-Wechselwirkungen nichtgebundener Atome

$$E_{nb} = \sum E_{ji}(d) \qquad \alpha = d/(r^{i}_{v.d.w.} + r^{j}_{v.d.w.})$$
über alle Paare nichtgebundener Atome i und j

$$E_{ij}(d) = \varepsilon[-2{,}25\alpha^{-6} + 8{,}28 \cdot 10^{5} \exp(-\alpha/0{,}0736)]$$

z. B. i	j	ε (kJ/mol)
H	H	0,176
C	H	0,280
C	C	0,448

Der Zusammenhang zwischen sterischer Spannung und Reaktivität kann auf verschiedene Weise hergestellt werden:

a) Für Reaktionsserien, bei denen die sterische Spannung im geschwindigkeitsbestimmenden Schritt verringert wird, kann die Spannungsenergie in den Edukten mit der Reaktionsgeschwindigkeit bzw. der freien Aktivierungsenthalpie korreliert werden.

Ein Beispiel ist die lineare Beziehung zwischen der *thermischen Stabilität* ($\Delta G^{\neq}$ für die Thermolyse) und der Spannungsenergie E in Alkanen (Schema 115): Je größer die sterische Spannung im Edukt ist, um so schneller verläuft die Thermolyse. Besonders soll auf den Spannungs- und damit Reaktivitätsunterschied für die beiden Diastereomeren (a) und (b) hingewiesen werden.

Schema 115
Thermolyse symmetrischer Alkane

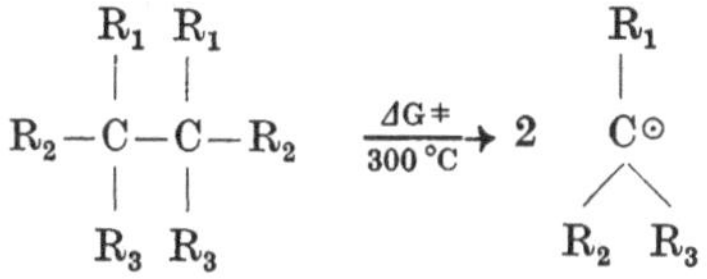

	R_1	R_2	R_3	$\Delta G^{\neq}$ (kJ/mol)	E*) (kJ/mol)
	CH_3	CH_3	H	284	8,4
	CH_3	CH_3	CH_3	253	32,6
	CH_3	CH_3	CH_2CH_3	231	62,3
(a) DL	cyclo-C_6H_{11}	$C(CH_3)_3$	H	195	136
	CH_3	CH_3	$CH(CH_3)_2$	194	110
	CH_3	CH_3	$CH_2C(CH_3)_3$	194	116
	CH_3	CH_3	cyclo-C_6H_{11}	192	134
	CH_2CH_3	CH_2CH_3	CH_2CH_3	180	177
(b) meso	cyclo-C_6H_{11}	$C(CH_3)_3$	H	178	161
	CH_3	CH_2CH_3	cyclo-C_6H_{11}	166	185
	CH_3	CH_3	$C(CH_3)_3$	141	217
	$C(CH_3)_3$	$C(CH_3)_3$	H	124	262

*) E — Spannungsenergie im Alkan
$\Delta G^{\neq} = -0{,}60E + 274$ kJ/mol

b) Die freie Aktivierungsenthalpie bzw. ln k werden mit der Änderung der Spannungsenergie ΔE beim Übergang von den Edukten zum AK im geschwindigkeitsbestimmenden Schritt korreliert.

Das setzt die Kenntnis des geschwindigkeitsbestimmenden Schrittes eines komplexen Reaktionsmechanismus sowie der Struktur des zugehörigen AK voraus. In vielen Fällen wird als ausreichendes Modell für den AK die im geschwindigkeitsbestimmenden Schritt gebildete ZS betrachtet (Schema 116/1 und 2). Dabei kommt es bei den konkret zu berechnenden Modellverbindungen weniger auf die genaue Wiedergabe der elektronischen Situation am Reaktionszentrum an als auf die gleichen sterischen Bedingungen. Deshalb können als Modellverbindungen sehr oft die entsprechend gebauten Kohlenwasserstoffe verwendet werden (Schema 116).

Schema 116

Beispiele für die Korrelation zwischen Spannungsenergie und Reaktivität

1. Solvolyse von bicyclischen Bromiden

Bruttoreaktion: z. B.

geschwindigkeitsbestimmender Schritt:

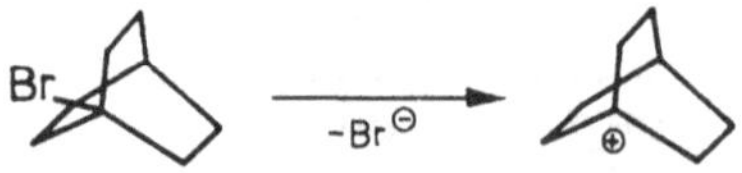

Modell:

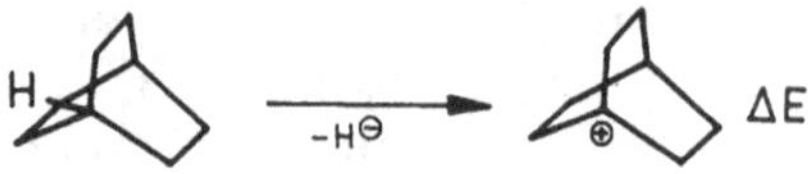

Korrelation: $\lg k_{rel} = -0{,}12 \Delta E \frac{\text{mol}}{\text{kJ}} + 0{,}782$

2. Lactonbildung in Bicyclen

Bruttoreaktion: z. B.

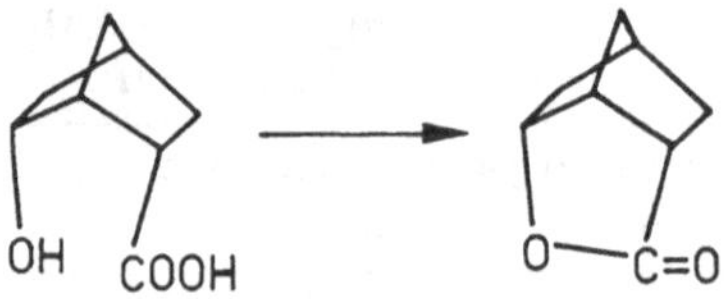

geschwindigkeitsbestimmender Schritt:

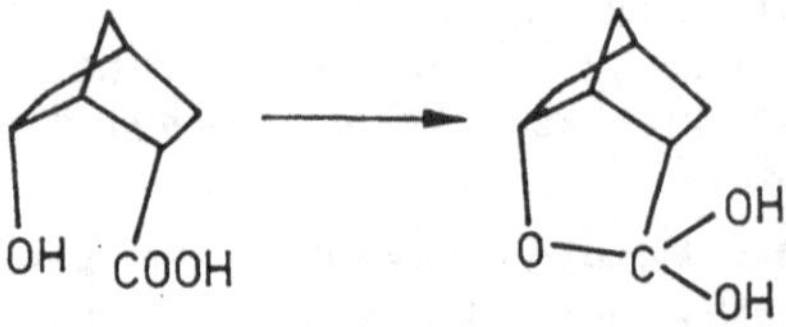

Modell:

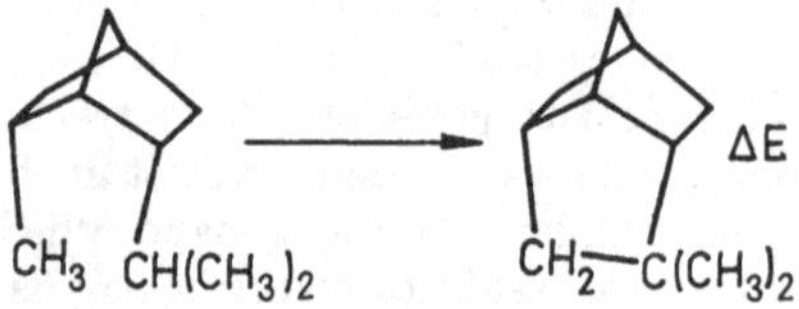

Korrelation: $\lg k_{rel} = -0{,}26 \Delta E \frac{\text{mol}}{\text{kJ}} + 0{,}468$

Schema 116 (Fortsetzung)

3. Benzylidenbildung in Steroidketonen

Bruttoreaktion: z. B.

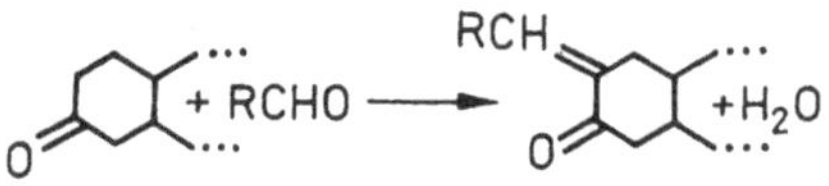

geschwindigkeitsbestimmender Schritt:

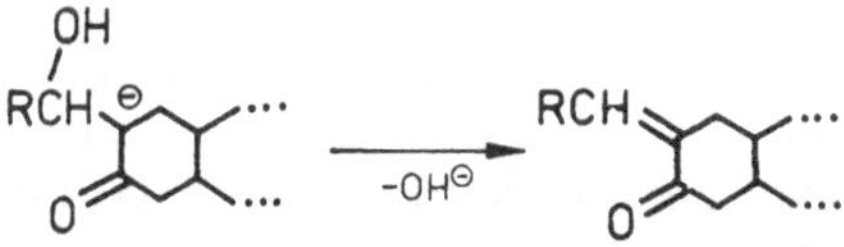

Modell:

Korrelation: $\Delta G^{\ddagger}_{rel} = 0{,}52 \Delta E - 13{,}87$ kJ/mol

Schema 117

Sterische Substituentenkonstanten $\varphi_f(R)$

Definition:

$\varphi_f = \Delta_B H^{\ominus}[R-C(CH_3)_3] - \Delta_B H^{\ominus}[R-CH_3] + 8{,}87$
(in 10^4 J/mol)

$-R$	φ_f	$-R$	φ_f
$-CH_3$	$\equiv 0$	$-CH_2C(CH_3)_2C_4H_9$	3,24
$-CH_2CH_2C(CH_3)_3$	0,85	$-CH(CH_2CH_3)_2$	3,29
$-CH_2CH_3$	0,86	$-C(CH_3)_3$	3,82
$-CH_2CH_2CH_2CH_3$	0,86	$-C(CH_3)_2CH_2CH_3$	4,36
$-CH_2CH_2CH_3$	0,89	$-C(CH_3)_2CH_2C(CH_3)_3$	4,40
$-CH_2$-cyclo-C_6H_{11}	1,36	$-C(CH_3)_2C_8H_{17}$	4,85
$-CH_2CH(CH_3)_2$	1,86	$-CH(CH_3)C(CH_3)_3$	4,93
$-CH_2C(CH_3)_3$	2,29	$-C(CH_3)(CH_2CH_3)_2$	5,26
$-CH(CH_3)_2$	2,29	$-CH[CH(CH_3)_2]_2$	5,61
$-$cyclo-C_6H_{11}	2,29	$-C(CH_2CH_3)_3$	6,28
$-CH(CH_3)CH_2CH_3$	2,51	$-CH(CH_2CH_3)C(CH_3)_3$	7,26
$-CH(CH_3)CH_2C(CH_3)_3$	2,78	$-C(CH_3)_2C(CH_3)_3$	7,51
$-CH(CH_3)C_6H_{13}$	2,87	$-CH[C(CH_3)_3]_2$	10,68

c) Spannungsenergien bzw. ebenfalls mit einem Kraftfeld berechnete Bildungsenthalpien können zur Definition neuer sterischer Substituentenkonstanten benutzt werden.

BECKHAUS [63] machte den Vorschlag, die Differenz der Bildungsenthalpien von $R-CH_3$ und $R-C(CH_3)_3$ als Maß für die sterische Repulsion, die R auf den Molekülrumpf ausübt, zu betrachten (Schema 117). Mit den so definierten sterischen Substituentenkonstanten, die auch *Vorderseitenspannungen* genannt werden, sollten sich die Reaktivitätsabstufungen in Reaktionen, bei denen sich die Winkel am Reaktionszentrum im geschwindigkeitsbestimmenden Schritt ändern, besonders gut korrelieren lassen. Ein Beispiel dafür ist die oben genannte Thermolyse von hochsubstituierten Ethanen.

Mit den Kraftfeldern von SCHLEYER und ENGLER [62] bzw. von ALLINGER [60] und den entsprechenden Computerprogrammen stehen dem Chemiker leistungsfähige Methoden zur Verfügung, um Probleme der sterischen Spannung und der von ihr verursachten Reaktivitätsbeeinflussung zu behandeln.

6. Literatur

Einführende Literatur

[1] W. DÖPKE, „*Stereochemie organischer Verbindungen*" (WTB 151), Akademie-Verlag, Berlin 1975

[2] W. DÖPKE, „*Dynamische Aspekte der Stereochemie organischer Verbindungen*" (WTB 185), Akademie-Verlag, Berlin 1979

[3] W. BÄHR, H. THEOBALD, „*Organische Stereochemie — Begriffe und Definitionen*", Springer Verlag, Berlin—Heidelberg—New York 1973

[4] K. BLAHA, O. CERVINKA, J. KOVAR, „*Fundamentals of Stereochemistry and Conformational Analysis*", Iliffe Books, London 1970

[5] E. L. ELIEL, „*Stereochemie der Kohlenstoffverbindungen*", Verlag Chemie, Weinheim 1966

[6] M. NOGRADI, „*Stereochemistry — Basic Concepts and Applications*", Pergamon Press, Oxford 1981; Akadémiai Kiadó, Budapest 1981

[7] H. B. KAGAN, „*Organische Stereochemie — Ein Leitfaden zur Einführung und Vertiefung*", Georg Thieme Verlag, Stuttgart 1977

[8] K. MISLOW, „*Einführung in die Stereochemie*", Verlag Chemie, Weinheim 1967

[9] H. G. O. BECKER, „*Elektronentheorie organisch-chemischer Reaktionen*" VEB Deutscher Verlag der Wissenschaften, Berlin 1974

[10] E. S. GOULD, „*Mechanismus und Struktur in der organischen Chemie*", Verlag Chemie, Weinheim 1964

[11] J. MARCH, „*Advanced Organic Chemistry: Reaktions, Mechanisms, and Structure*“, McGraw-Hill Book Comp., New York 1968

Weiterführende Literatur

[12] Autorenkollektiv, „*Reaktive Zwischenstufen in der organischen Chemie*“ (WTB 249), Akademie-Verlag, Berlin 1981
[13] C. WENTRUP, „*Reaktive Zwischenstufen*“ (Bd. I und II), Georg Thieme Verlag, Stuttgart 1979
[14] N. S. ISAACS, „*Reaktionszwischenstufen der organischen Chemie*“, Verlag Chemie, Weinheim 1980
[15] J. W. HENDERSON, Chem. Soc. Rev. **2** (1973), 397
[16] R. B. WOODWARD, R. HOFFMANN, „*Die Erhaltung der Orbitalsymmetrie*“, Akad. Verlagsgesellschaft Geest & Portig, Leipzig 1970
[17] N. T. ANH, „*Die Woodward-Hoffmann-Regeln und ihre Anwendung*“, Verlag Chemie, Weinheim 1972
[18] R. HUISGEN, Pure Appl. Chem. **53** (1981), 171
[19] P. SYKES, „*Reaktionsaufklärung*“, Akademie-Verlag, Berlin 1976
[20] M. S. NEWMAN (Ed.), „*Steric Effects in Organic Chemistry*“, Wiley, New York 1956
[21] P. DESLONGCHAMPS, „*Stereoelectronic Effects in Organic Chemistry*“, Pergamon Press, Oxford 1982
[22] K. FUKUI, „*Theory of Orientation and Stereoselection*“, Springer-Verlag, Berlin 1975
[23] M. J. S. DEWAR, Angew. Chem. **83** (1971), 859
[24] C. A. GROB, Angew. Chem. **81** (1969), 543
[25] H. A. STUART, „*Molekülstruktur*“, Springer-Verlag, Berlin 1967
[26] D. GRILLER, K. U. INGOLD, Acc. Chem. Res. **9** (1976), 13
[27] M. A. WINNIK, Chem. Rev. **81** (1981), 491
[28] J. E. BALDWIN, J. Chem. Soc., Chem. Commun. **1976**, 734
[29] B. CAPON, S. P. MCMANUS, „*Neighbouring Group Participation*“, Vol. 1, Plenum Press, New York 1976
[30] G. KÖBRICH, Angew. Chem. **85** (1973), 494
[31] R. KEESE, Angew. Chem. **87** (1975), 568
[32] Y. IZUMI, A. TAI, „*Stereodifferentiating Reactions*“, Academic Press, New York 1977
[33] J. RETEY, J. A. ROBINSON, „*Stereospecificity in Organic Chemistry and Enzymology*“, Verlag Chemie, Weinheim 1982
[34] JE. I. KLABUNOWSKI, „*Asymmetrische Synthese*“, VEB Deutscher Verlag der Wissenschaften, Berlin 1963
[35] J. D. MORRISON, H. S. MOSHER, „*Asymmetric Organic Reactions*“, Prentice-Hall, Englewood Cliffs, N. J., 1971
[36] D. VALENTINE, J. W. SCOTT, Synthesis **1978**, 329
[37] E. L. ELIEL, S. OTSUKA (Eds.), „*Asymmetric Reactions and Processes in Chemistry*“, ACS Symposium Series 185, Washington 1982
[38] E. L. ELIEL, „*Prostereoisomerism (Prochirality)*“, Topics in Current Chemistry **105**, 1 (1982), Springer-Verlag Berlin/Heidelberg/New

York; ders. in Autorenkollektiv, „*Organic Chemistry*“, Akademie-Verlag, Berlin 1982
[39] D. Seebach, V. Prelog, Angew. Chem. **94** (1982), 696
[40] H. Wynberg, Rec. Trav. Chim. Pays-Bas **100** (1981), 393
[41] V. Čaplar, G. Comisso, V. Šunjić, Synthesis **1981**, 85
[42] D. Hoppe, Nachr. Chem. Tech. Lab. **30** (1982), 281
[43] D. Seebach, J. Golinski, Helv. Chim. Acta **64** (1981), 1413
[44] J. W. Apsimon, R. P. Seguin, Tetrahedron **35** (1979), 2797
[45] W. Kreiser, Nachr. Chem. Tech. Lab. **29** (1981), 555
[46] G. Balavoine, A. Moradpour, H. B. Kagan, J. Amer. Chem. Soc. **96** (1974), 5152
[47] B. S. Green, M. Lahav, D. Rabinovich, Acc. Chem. Res. **12** (1979), 191
[48] K. Schwetlick, „*Kinetische Methoden zur Untersuchung von Reaktionsmechanismen*“, VEB Deutscher Verlag der Wissenschaften, Berlin 1971
[49] R. W. Taft in [20], Kap. 13
[50] J. Shorter, Quart. Rev. **24** (1970), 433
[51] S. H. Unger, C. Hansch, Progr. Phys. Org. Chem. **12** (1976), 91
[52] R. Franke, „*Optimierungsmethoden in der Wirkstofforschung — Quantitative Struktur — Wirkungs-Analyse*“, Akademie-Verlag, Berlin 1980
[53] H. Förster, F. Vögtle, Angew. Chem. **89** (1977), 443
[54] M. Charton, J. Amer. Chem. Soc. **97** (1975), 1552
[55] C. A. Tolman, Chem. Rev. **77** (1977), 313
[56] O. Exner, Coll. Czechoslov. Chem. Comm. **32** (1967), 1
[57] A. Bondi, J. Phys. Chem. **68** (1964), 441
[58] A. Greenberg, J. F. Liebman, „*Strained Organic Molecules*“, Academic Press, New York 1978
[59] C. Altona, D. H. Faber, Fortschr. chem. Forsch. **45** (1974), 1
[60] N. L. Allinger, Adv. Phys. Org. Chem. **13** (1976), 1
[61] O. Ermer, „*Aspekte von Kraftfeldrechnungen*“, Baur-Verlag, München 1981
[62] E. M. Engler, J. D. Andose, P. v. R. Schleyer, J. Amer. Chem. Soc. **95** (1973), 8005
[63] H.-D. Beckhaus, Angew. Chem. **90** (1978), 633

7. Sachregister

Die Verfasser

- **behandeln die sterischen Veränderungen beim Ablauf organisch-chemischer Reaktionen in Ableitung aus deren Mechanismen**

- **klassifizieren die sterischen Effekte und geben Beispiele für ihre Wirkung auf Reaktionsgeschwindigkeiten, Gleichgewichtslagen und Produktverteilungen**

- **erläutern die Begriffe der Stereoselektivität und Stereospezifität und weisen auf Möglichkeiten für die asymmetrische Synthese hin**

- **stellen Versuche zur Quantifizierung sterischer Effekte vor**

WISSENSCHAFTLICHE TASCHENBÜCHER